SEO検定

SEO CERTIFICATION TEST 2nd GRADE

公式テキスト

2級

一般社団法人
全日本SEO協会 編

C&R研究所

■本書の内容について

- 本書は編者が実際に調査した結果を慎重に検討し、著述・編集しています。ただし、本書の記述内容に関わる運用結果にまつわるあらゆる損害・障害につきましては、責任を負いませんのであらかじめご了承ください。
- 本書は2022年1月現在の情報をもとに記述しています。
- 正誤表の有無については下記URLでご確認ください。
  https://www.ajsa.or.jp/kentei/seo/2/seigo.html

●本書の内容についてのお問い合わせについて

この度はC&R研究所の書籍をお買い上げいただきましてありがとうございます。本書の内容に関するお問い合わせは、「書名」「該当するページ番号」「返信先」を必ず明記の上、C&R研究所のホームページ(https://www.c-r.com/)の右上の「お問い合わせ」をクリックし、専用フォームからお送りいただくか、FAXまたは郵送で次の宛先までお送りください。お電話でのお問い合わせや本書の内容とは直接的に関係のない事柄に関するご質問にはお答えできませんので、あらかじめご了承ください。

〒950-3122 新潟県新潟市北区西名目所4083-6　株式会社 C&R研究所　編集部
FAX 025-258-2801
「SEO検定 公式テキスト 2級 2022・2023年版」サポート係

はじめに

現代のSEOは年々、複雑化の一途をたどっているように見えます。SEO検定3級で解説したようなサイトの内部を技術的に最適化することにより確かに一定の順位まで検索順位は上昇します。

しかし、それだけではその順位のさらなる上昇や維持すらおぼつかないくらい検索順位の決定要因は複雑化してきています。

こうした混迷する時代には一度、基本に戻ることが必要です。

そもそもWebサイトを企業が作る目的は何でしょうか?　それは自社サイトに見込み客が求めるコンテンツを掲載して、少しでも早くそのコンテンツをより多くの人達に見てもらうための告知活動をすることではないでしょうか?

この当たり前のことに見える「基本」に戻ることを検索エンジン最大手のGoogleはすべてのサイト運営者に要求するようになりました。

それは本書で解説するように、訪問者数が多いWebサイトのページがさまざまな検索キーワードで上位表示するというトラフィック要素を、Googleは検索順位算定の大きな要因として使用するようになったからです。

トラフィックというのは直訳すれば交通量のことを意味するもので、Webサイトにアクセスする訪問者数のことをいいます。Webサイトのトラフィックを増やすために何が必要かといえば、企業のWebサイト運営の基本である「コンテンツの充実」とそれをより多くのユーザーに見てもらうための「コンテンツの告知」というたった2つのことを愚直に行うことです。

本書の目的は、この偶然あるいは必然ともいえるGoogleが求める2つの必須工程を解説し、読者の皆さんが企業の現場で活用できる状態にすることです。

本書は単なる概念の解説書ではなく、現場で行き詰まったとき、迷ったときに役立つ「SEO運用マニュアル」として提供することを目標に執筆されました。今、SEO担当者に求められる次の点を解説しています。

- 品質の高いコンテンツの作成ノウハウ
- 安全で効果のあるリンク獲得とトラフィック獲得ノウハウ
- ソーシャルメディアの効果的な活用方法
- それら施策の効果を測定してその改善に役立てる方法

検定試験合格の参考書として使うだけではなく、問題に直面したときの真の参考書として上梓させていただきました。SEOを実際の現場で役立てて社会で大きく活躍しようという熱意ある学習者の一助になることを祈念します。

2022年1月

一般社団法人全日本SEO協会

SEO検定2級　試験概要

運営管理者

《出題問題監修委員》　東京理科大学工学部情報工学科　教授　古川利博
《出題問題作成委員》　一般社団法人全日本SEO協会　代表理事　鈴木将司
《特許・人工知能研究委員》　一般社団法人全日本SEO協会　特別研究員　郡司武
《モバイル技術研究委員》　アロマネット株式会社 代表取締役　中村 義和
《構造化データ研究》　一般社団法人全日本SEO協会　特別研究員　大谷将大

受験資格

学歴、職歴、年齢、国籍等に制限はありません。

出題範囲

『SEO検定 公式テキスト 2級』の第1章から第5章までの全ページ
『SEO検定 公式テキスト 3級』の第1章から第6章までの全ページ
『SEO検定 公式テキスト 4級』の第1章から第6章までの全ページ

- 公式テキスト

  URL https://www.ajsa.or.jp/kentei/seo/2/textbook.html

合格基準

得点率80%以上

- 過去の合格率について

  URL https://www.ajsa.or.jp/kentei/seo/goukakuritu.html

出題形式

選択式問題　80問
試験時間　60分

試験形態

所定の試験会場での受験となります。

- 試験会場と試験日程についての詳細

  URL https://www.ajsa.or.jp/kentei/seo/2/schedule.html

受験料金

6,000円(税別)/1回(再受験の場合は同一受験料金がかかります)

試験日程と試験会場

- 試験会場と試験日程についての詳細

URL https://www.ajsa.or.jp/kentei/seo/2/schedule.html

受験票について

受験票の送付はございません。お申し込み番号が受験番号になります。

受験者様へのお願い

試験当日、会場受付にてご本人様確認を行います。身分証明書をお持ちください。

合否結果発表

合否通知は試験日より14日以内に郵送により発送します。

認定証

認定証発行料金無料（発行費用および送料無料）

認定ロゴ

合格後はご自由に認定ロゴを名刺や印刷物、ウェブサイトなどに掲載できます。認定ロゴはウェブサイトからダウンロード可能です（PDFファイル、イラストレータ形式にてダウンロード）。

認定ページの作成と公開

希望者は全日本SEO協会公式サイト内に合格証明ページを作成の上、公開できます（プロフィールと写真、またはプロフィールのみ）。

- 実際の合格証明ページ

URL https://www.zennihon-seo.org/associate/

Contents

第2章◆外部リンク対策

第3章◆トラフィック要因の重要性

3 誰にどのような情報を発信するのか?

第5章◆アクセス解析と競合調査

第1章

コンテンツ資産の構築

内部要素の1つ目の要因はSEO検定3級で解説した技術要因ですが、本書がカバーする2級では内部要素のもう1つの要因であるコンテンツ要因を改善し検索順位アップを目指す方法を解説します。

内部要素のコンテンツ要因

コンテンツというのは情報の中身のことをいいます。

Googleは検索ユーザーが求めるコンテンツを検索結果ページの上位に表示させようとします。そのためGoogleで上位表示をするためにはユーザーが求めるコンテンツを作り自社サイトに掲載することが必須条件になります。

1-1 ◆ コンテンツのテーマ

検索ユーザーが求めるコンテンツであるかどうかを判断する第一の条件はコンテンツのテーマが検索キーワードと一致しているかどうかです。

たとえば、ユーザーが東京にあるリフォーム会社を探すために「リフォーム 東京」で検索した場合、Webページ上に「リフォーム」をテーマにしたコンテンツが掲載されていることと東京にその会社が存在していることを指し示す言葉である「東京」というキーワードが書かれていれば、そうでない場合に比べて検索で上位表示しやすくなります。

反対に、「リフォーム」というキーワードよりも「新築」という言葉が多く書かれていれば「新築 東京」では上位表示しやすくなりますが、「リフォーム 東京」では上位表示しにくくなります。

そして「東京」という地域を示すキーワードよりも「神奈川」がそのWebページに多く書かれていれば「リフォーム」というキーワードが十分書かれていても「リフォーム 東京」では上位表示しにくくなります。

さらには、そのWebページだけに「リフォーム」と「東京」が十分に書かれていても、そのサイトの他のWebページにそうしたキーワードがほとんど書かれていなければ評価が低くなり「リフォーム 東京」では上位表示しにくくなります。

コンテンツのテーマと上位表示を目指すキーワードとを一致させることが内部要素の最適化で最も重要なポイントです。これは別の言い方をすれば、「上位表示を目指すキーワードのことだけをページ内に書いてそれ以外のことはそのページには書かないようにする」ということになります。

1-2 ◆ コンテンツの量

いくらコンテンツのテーマが上位表示を目指すキーワードと一致していたとしてもコンテンツの量が少なければ上位表示に不利に働きます。上位表示をするためにはコンテンツの量を競合他社に比べて増やす必要があります。

たとえば、自社サイトにある「リフォーム 東京」で上位表示を目指すページの中に「リフォーム」と「東京」という言葉が含まれた文章が300文字で書かれていたとします。

しかし競合する他社サイトのページには同じ「リフォーム」と「東京」という言葉が含まれた文章が600文字で書かれていた場合、コンテンツの量に2倍の開きがあり300文字しか書かれていないページは上位表示に不利になります。

また、上位表示を目指すページの文字数が競合のページと同じかそれ以上あったとしても、サイト全体で見た場合、文字数が多いページが自社サイトに競合サイトよりも少なければ、競合サイトのほうが上位表示に有利になってしまいます。

このため、上位表示を目指す場合、特に競争率が高いビッグキーワードで上位表示するには、上位表示を目指すページにある文字数が競合よりも多いことと、サイト全体にそうした文字数が多いページの数が競合よりも多いことが重要になります。

1-3 ◆ コンテンツの質

しかし、このことはコンテンツの量だけをむやみに増やせばいいということを意味するものではありません。

Googleはコンテンツの品質についてのアルゴリズムアップデートを何度も実施しています。そのため、ただコンテンツ量を増やすというのではなく、質が高いコンテンツを増やす必要があります。

コンテンツの質には次の3つの意味があります。

①独自性

1つは文字コンテンツが他のドメインのサイトに書かれていることをコピーしたり、一部だけを改変して見た目だけ独自性があるように見せかけたものであるかどうかです。オリジナルの文字コンテンツであることが上位表示には必要になります。

また、独自性があるかどうかは1つのドメインのサイト内にある他のページと比較したときも必要になります。同じような文章のかたまりが書かれているページがサイト内に多数ある場合、そのサイトの独自性が損なわれてしまいます。

そのため、サイト内の1つひとつのページを確認して重複している文字コンテンツがあるかどうかを調べ、重複した文字コンテンツを発見したら重複コンテンツを削除し、それぞれのページに独自の文字コンテンツを追加することが必要になります。

②人気度

ただし、例外もあります。それは他のドメインのサイトにある情報をまとめただけのいわゆる「まとめサイト」が上位表示しているという現象です。その理由は独自性がない、あるいは非常に低い文字コンテンツでも、さまざまな情報源から情報を探してとりまとめて編集するというユーザーが情報を探す手間を省くという一定の付加価値があるため、時間を節約しようとする検索ユーザーがまとめサイトを訪問するので人気がある文字コンテンツだと評価するからです。

独自性がない、あるいは非常に低い文字コンテンツばかりのサイトでも上位表示している事例がまれにあるのはこのことが理由です。

③信頼性

Googleは2017年12月6日に、医学の専門知識があると公的に認定されている企業・団体以外が病名、症状名、薬品などのキーワードで上位表示できないようにアルゴリズムを改変したと公式に発表しました。

• 医療や健康に関連する検索結果の改善について

URL https://webmaster-ja.googleblog.com/2017/12/for-more-reliable-health- search.html

Googleはこのアルゴリズムアップデートには正式な名称を付けませんでしたが、一般に「医療アップデート」と呼ばれるようになりました。

医療アップデート実施前までは独自性があり、人気度が高いサイトが病名、症状名、薬品などのキーワードで上位表示されているケースが多数ありました。しかし、医療アップデート実施後は信頼性の低いサイトの検索順位が下げられ、それまで上位表示していた有名サイトの多くが閉鎖を余儀なくされました。その日以来、病名、症状名、薬品などのキーワードで上位表示するには信頼性という新しい基準を満たす必要が生じました。

医療や健康に関するコンテンツの信頼性を高めるにはコンテンツの著者、またはサイト運営者にそのコンテンツを書くに値する次のいずれかが必要になりました。

(1)国家資格があること

(2)国からの許認可が与えられていること

(3)その他、客観的に証明できる能力があること

Googleがこうした厳しい処置を講じるようになったのは、Web上に蔓延する偽情報や不正確な情報を検索結果上から排除してマスメディア並みに増大した影響力とそれに伴う社会的責任を果たそうとしているからです。

コンテンツの信頼性がことさら要求されるのはその後、医療や健康だけでなく、金融や法律などのコンテンツを提供しているサイトにも及ぶようになりました。Googleはこうした分野のことをYMYL(Your Money Your Life:お金と人生に影響を及ぼす分野)と呼び、コンテンツの信頼性が低いサイトは上位表示させないようにしました。

YMYLの業界は主に次に関わる業界です。

- 医療
- 健康
- 美容
- 法律
- 金融

これらの業界のサイトの運営者はサイト内にコンテンツを発信するに値する資格、許認可、実績を持っていることと、各コンテンツが正確なものであるという根拠を示すために客観的データ、証拠、出典元などを明確にすることが求められるようになりました。

Googleの公式情報によると同社はコンテンツの信頼性に関してE-A-Tという基準を持っています。E-A-Tとは次の3つのことです。

（1）Expertise：専門性
（2）Authoritativeness：権威性
（3）Trustworthiness：信頼性

「Expertise：専門性」とは、Webサイトやコンテンツの作成者が特定の分野の専門家として認められる性質を持っているかという意味です。この性質をGoogleやユーザーに認めてもらうためには、その分野での職歴や学歴、または豊かな経験があり専門知識があることをWebページ内、あるいはそこからリンクされたページ上で最大限アピールする必要があります。

具体的には、Webページ内の目立つ部分にコンテンツの著者の肩書、氏名を載せること、そして氏名の部分をクリックすると著者プロフィールページに飛ぶリンクを張ることが効果的です。

◉著者の肩書·氏名の掲載例

睡眠障害とは

日本睡眠学会専門医　阪野勝久

睡眠障害の意味

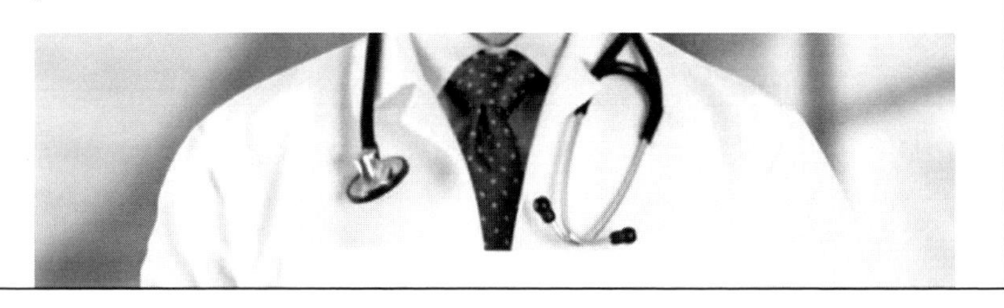

◉著者プロフィールページの例

ホーム　診療案内　施設案内　睡眠障害 ▾　健康診断 ▾　予防接種　院長紹介　お問い合わせ

院長略歴

1998年	愛知医科大学医学部卒業（首席） 愛知医科大学附属病院第３内科
1999年	マニトバ州立大学医学部St.Boniface病院睡眠障害センター（カナダ）
2003年	愛知医科大学大学院医学研究科博士課程修了（医学博士） 愛知医科大学病院睡眠医療センター・循環器内科
2003年	マニトバ州立大学医学部St.Boniface病院睡眠障害センター（カナダ）
2005年	愛知医科大学病院睡眠医療センター・循環器内科
2006年	北津島病院睡眠医療センター長（愛知県稲沢市） 仁愛診療所名駅睡眠医療センター（愛知県名古屋市）
2011年	阪野クリニック（内科・循環器内科・いびき・睡眠障害の治療）開設

「Authoritativeness：権威性」とは、Webサイトやコンテンツの作成者は、特定の分野において多くの人に認められている存在であるかという基準です。権威性を認めてもらうための効果的な方法の1つは、その分野で権威のある団体、組織、学術機関、企業などのサイトからリンクを張ってもらい紹介してもらうことです。

「Trustworthiness：信頼性」とは、Webサイトの運営者およびWebサイトの内容自体が、信頼できるかという基準です。信頼性があることを認めてもらうための効果的な方法としては、コンテンツ内で主張している意見や見解の裏付けとなるエビデンス（証拠）を十分見せるようにすることです。

エビデンスには、情報源となるサイトへの参照リンク、表やグラフなどのデータ、実体験をしていることを証明する写真の掲載などがあります。

◉情報源を明記している例

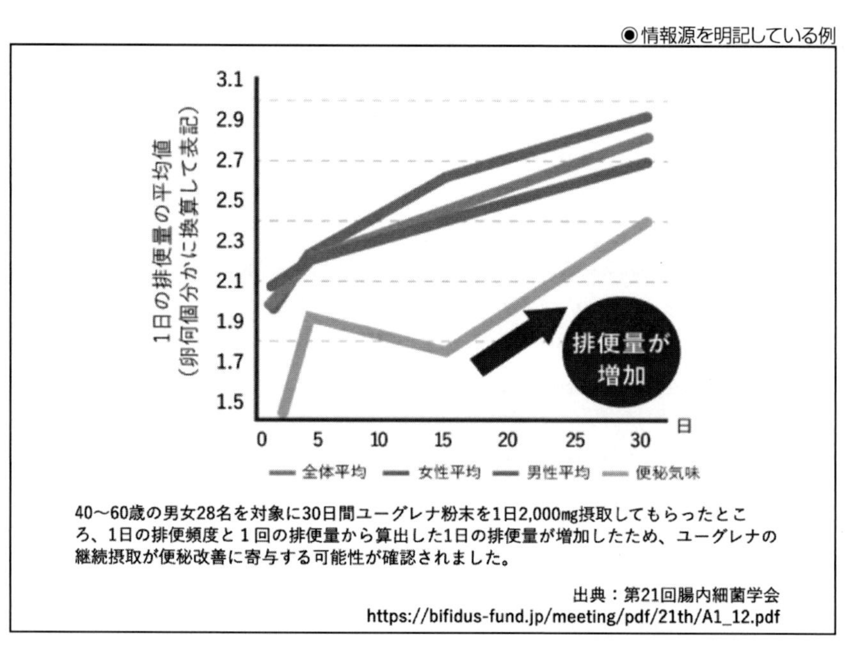

Googleは信頼できるコンテンツかどうかをアルゴリズムだけでなく、専任のスタッフがGoogle General Guidelinesなどのマニュアルに基づいて目視でチェックしているといわれています。

憶測や推測だけでコンテンツを作ることを避けて、経験やデータなどの根拠に基づいたコンテンツ作りが強く求められます。

1-4 ◆ コンテンツの人気度

Googleはコンテンツの人気度をどのように測定しているのでしょうか？　これまでGoogleが公式に発表している情報や公開している特許情報から次の要因によってコンテンツの人気度を測定していることがわかっています。

①検索結果上のクリック率

これはGoogleが創業期のころから参考にしているデータで、検索結果上に表示されるWebページのリンクの表示回数とクリック数から算出するクリック率がコンテンツの人気度を推測する重要な指標になっています。検索結果ページ上のどのリンクがどのくらいクリックされるかという非常にシンプルなデータです。

Google以外のサイトであるブログランキングシステムや各種ポータルサイトでもクリックされればされるほど順位が上がるアルゴリズムを採用しているところが昔からあります。

同じユーザーが短時間に何度も同じWebページをクリックして自社のページの検索順位を引き上げる不正行為を防止するためにGoogleは検索ユーザーがネット接続する際のIPアドレスを把握しています。そのため、そうした単純な不正行為は順位アップには効果がないようになっています。

②サイト滞在時間

これはGoogleが無償で提供しているGoogleアナリティクスというアクセス解析ログソフトを見てもわかるようにGoogleは検索結果上でクリックされたページにユーザーが何秒間滞在しているか、そしてそのページからサイト内の他のページへのリンクをたどり、どのページを何秒間見ているかをクッキーという技術によって計測しています。

そしてそれらユーザーが閲覧した各ページの滞在時間を合計したものがサイト滞在時間として計算されてサイトの評価、そのサイトのドメインの評価にも影響を及ぼすことがわかっています。

ページ滞在時間を伸ばすためにはわかりやすい情報を十分な量だけ掲載することが必要です。また、サイト滞在時間を伸ばすためには、検索ユーザーが検索結果ページ上にあるリンクをクリックして訪問したランディングページから関連性の高いページにわかりやすくリンクを張ることが必要になります。

◉サイトの滞在時間の例

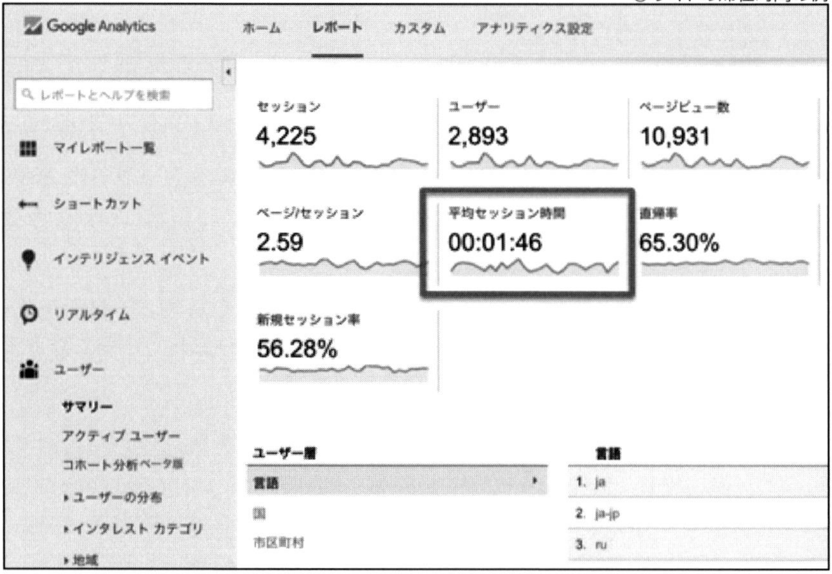

以上が検索エンジンの中でも最も高い評価基準を持っているGoogleがサイト運営者に要求するコンテンツの質の定義です。コンテンツの質の定義を知った後は、実際に質が高いコンテンツを作る方法を知る必要があります。

Webコンテンツの種類

質が高いコンテンツを作る方法を知る前に、そもそもWebサイト上で提供できるコンテンツにはどのような種類があるのかを知る必要があります。

2-1 ◆ テキスト（文字）

テキスト（文字）は最もポピュラーで一般的なコンテンツの種類です。そして検索エンジンが検索順位を決める上で最も重視しているコンテンツの種類です。Webページ上にたくさんの文字数があると、そうでない場合よりも、上位表示しやすい傾向があります。

文字数を増やす工夫としては次のようなものがあります。

①文字部分を画像化したものはテキストに戻す

サイト閲覧者にインパクトを与えるためにテキスト部分を画像にすることが一時期、流行しました。テキスト部分を画像にすることできれいなフォントを使ったり立体的にしたり、縁に色を付けることなどが可能になるからです。

◉リフォーム会社の実例

インパクトを出すために文字をテキストではなく画像にして白の縁取り、ドロップシャドウをつけた例

解体しないと見えなかった内部を点検し、
そこで見つかった問題点を改善します

筋交い金物の不足

「筋交い」とは、柱と梁、桁を斜めに結ぶ構造材のことで、この筋交いがあることで、そこが耐力壁となり、地震や強風などで受けるダメージから家を守ります。

しかし、壁と天井を剥がして確認したところ、その筋交いをしっかり固定する為の金物が不足していた箇所がありました。
改めて、筋交い用の耐震金物である「筋交いプレート」を取り付け固定しました。

この部分は通常のテキスト

しかし、そうすると見栄えは良くなりますが、通常のテキストよりも検索エンジンからの評価は若干、下がることになります。また、画像化しても画像のALT属性にテキストを書くことはできますが、そこには上位表示を目指すキーワードを詰め込むこともできるため、検索エンジンからの評価が若干下がります。

◉文字部分を画像化してALT属性に画像の表面に書かれているテキストを記述した例

```
<img data-an-src="http://example.eco-inc.co.jp/images/201206/ t01.gif" class="hidden-xs" alt="解体しないと見えなかった内部を点検し、そこで見つかった問題点を改善します。" />
```

そして近年ではスマートフォンなどのモバイルデバイスでインターネット接続をするユーザーが増えており、文字部分を読み込みが早いテキストを使わずに画像を使えばダウンロードに若干の時間がかかるようになるため、表示スピードを重視するGoogleの評価も下がることになります。

こうした理由から、見栄えを良くするためにこれまで画像化してきた文字をテキストに戻すことがSEOにプラスに働く環境になってきました。

そのため、文字部分を画像化したものはテキストに戻すことがページ全体の文字数を増やすことになり、推奨されるSEO手法になります。

ただ、どうしても見出し部分はインパクトのあるきれいなフォントにしたいという場合はWebフォントを使うという手法があります。Webフォントとは、Webページの見栄えを記述するCSS（スタイルシート）のバージョン3.0で新たに導入された仕様で、あらかじめサーバー上に置かれたフォントやインターネット上で提供されているフォントを呼び出し、ページ中の文字の表示に利用する技術です。

これまでもフォントの指定は可能でしたが、Webページを閲覧しているコンピュータに指定したフォントが存在しない場合には、そのフォントでの表示はできませんでした。Webフォントを利用すると、指定したフォントがコンピュータに存在しない場合は、Web上の指定されたアドレスからフォントデータを自動的に読み込んで表示に使用することが可能になります。

◉Webフォント配布サイトの例

次の例は以前は画像だった見出し部分をWebフォントを使ってテキストに戻した例です。ソースを見るとH2タグで囲ったテキストだということがわかります。

◉Webフォントを使って見出しをテキストに戻した例

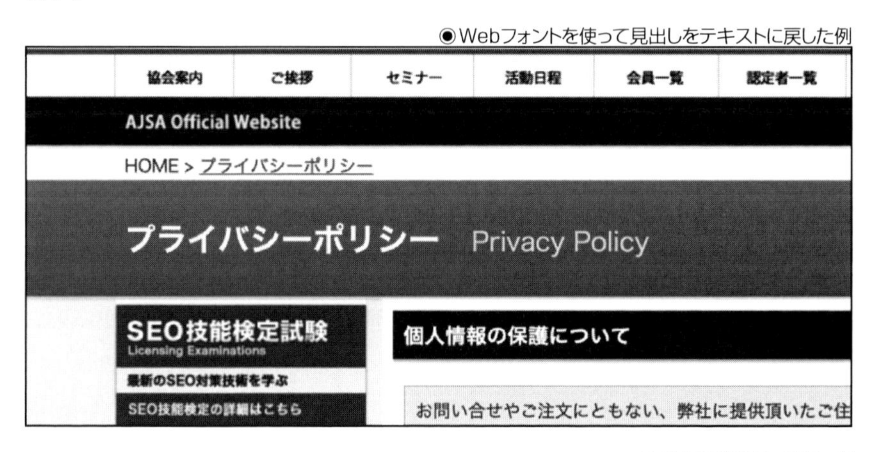

◉その部分のソースコード

```
<h2 class="msbg">
<strong>プライバシーポリシー</strong><font color="#ECEBFC">Privacy Policy
</font>
</h2>
```

インパクトのあるフォントを使って見出しや本文を修飾したい場合はWebフォントを使い、少しでも多くの部分をテキストにして検索エンジンによる評価を高めるようにすべきです。

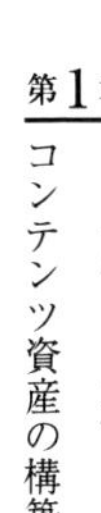

②画像の下にその画像についての説明文を追加する

本文を追加することができない場合はページ内にある画像の下にその画像についての簡単な説明をキャプション（説明文）としてテキストで記述すると文字を増やすことができます。

●キャプションを掲載している例

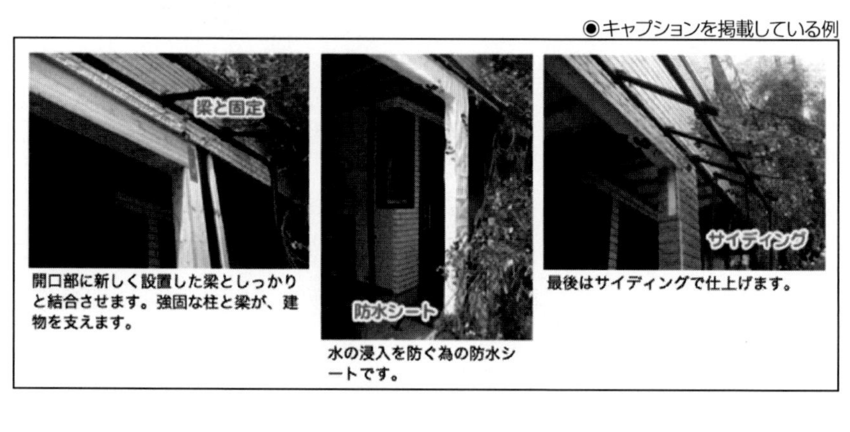

開口部に新しく設置した梁としっかりと結合させます。強固な柱と梁が、建物を支えます。

水の浸入を防ぐ為の防水シートです。

最後はサイディングで仕上げます。

さらに画像を増やしてそれらの下にキャプションを書けばかなり多くの文字を増やすことができます。

③脚注を追加する

脚注とは、ページの下部で本文の枠外に記載される短い文章のことで、用語解説や補足説明など、文書中の特定の部分の内容をより詳細に説明するために使われます。文章中の、説明したい箇所に「※」や脚注番号などの記号を付け、ページ下の欄外や文書の末尾に説明となる文章を記載する形式が一般的となります。

用語解説や補足説明、出典情報などの脚注を書き加えることにより文字数を増やせばページ内の情報がよりユーザーに伝わりやすくなるのでコンテンツの質を高めることも同時にできます。

◉脚注を掲載している例1

心臓手術のお問い合わせはこちらへどうぞ

患者さんからのお便りのページへ

参考資料 "
All About" から ～拙筆です。こちらもご覧下さい～

1. 狭心症・心筋梗塞の原因・メカニズム
2. 狭心症・心筋梗塞の症状・検査
3. 狭心症・心筋梗塞の治療法・予防法

◉脚注を掲載している例2

補足説明

- **PRTR制度全般及び詳細な情報の入手・理解をするために**
PRTRに関しては、経済産業省製造産業局化学物質管理課、及びその委託先である(独)製品評価技術基盤機構(NITE)、環境省のPRTRインフォメーション広場などのWEBサイトに、多くの情報が公開されています。当サイトでは、神奈川県のデータを公開することを優先しておりますので、制度自体の説明は最小限に留めています。よって、初めての方やよくわからない方は最初に上記サイトの内容を十分に理解されることをお勧めします。
- **データの精度に関して**
1　届出排出量・移動量の算定精度の限界
　事業所が届け出た排出量と移動量は、実測値に基づき算出する方法、物質収支に基づき算出する方法、排出係数を用いて算出する方法など、法律で認められた方法のうち、事業者が適当と判断した方法によって求められ

④スタッフからの一言、挨拶文を追加する

物販の場合は商品をおすすめする理由を一言、お店の場合はお客様への挨拶としての一言を書くとテキストを増やすことができます。1人だけではなく何名かが書けばその何倍もテキストを増やすことができます。

◉スタッフからの一言の例

お一人様でもカップルでもご家族でも楽しめる広い店内！豊富な商品ラインナップ!!が岩出店の魅力です♪
さらに我々スタッフも魅力あるスタッフを目指し日々努力の毎日です。
お客様からの「ありがとう」「また来ます」のお言葉を励みにもっともっと楽しいお店作りを目指していきます!
岩出市にお越しの際はぜひカインドオブライフ岩出店に遊びに来てください♪

⑤レビューを追加する

レビューというのは商品やサービスを使ったお客様の声のことですが、非常に多くのWebサイトが商品の魅力や人気を証明するためにレビューを追加するようになってきています。そして、それは同時にテキストを増やすための非常に有効な方法にもなっています。

レビューを顧客に書いてもらうための工夫としては、ポイントの付与やギフトカード、カタログギフトを提供したり、単価の高い商品の場合は数パーセントの割引などを行ったりすると、集まりやすくなります。ただし、極端な謝礼は法的な問題になったり、悪い評判を起こす原因になったりするので避けるべきです。

◉レビューの例

☆☆☆☆☆ **高級感が素晴らしい**
投稿者 あきさん 投稿日 2014/7/29
Amazonで購入
腕時計としては安いので、ソーラーや電波時計の機能はありません。しかし高級感がすごくあります。

個人的にはベルトにもう少し光沢が欲しかったんですが、実際に着けてみると思ったよりも大きくて十分に存在感を発揮します。暗い所で見ると、文字盤がキラキラと輝いてますね。

ワイアードはデザインが好きなので何個か持ってますが、１０年前のモデルと比較すると、質感の向上がハンパないです。

コメント | 6人中5人のお客様がこれが役に立ったと考えています。. このレビューは参考になりましたか？
はい いいえ 不正使用の報告

☆☆☆☆☆ **これぞ汎用！**
投稿者 ヒン 投稿日 2015/6/12
Amazonで購入
傷も、故障も汚れも、紛失だって、過度に恐れなくていい価格。
パッと見に感じる、マットな金属ベルトの重量感と高級感。
どこか近未来を感じるような、白とチャンのカラーリングと、正円ではないフレーム。
動いてようが、使おうが使うまいが関係なく、あるだけでかっこいい、白に映える漆黒のクロノグラフ。

これぞ時計。これこそ、ズボラで雑な男性諸氏が、日常で使い倒すための時計です。
学生さんから、ビジネスシーンまで、幅広く使えますよ。

コメント | 1人中1人のお客様がこれが役に立ったと考えています。. このレビューは参考になりましたか？
はい いいえ 不正使用の報告

⑥質問文を追加する

ページのテーマに関連した質問文を掲載すると文字コンテンツをたくさん増やすことが可能です。次の図は東京都内の墓石に関する100文字くらいの質問文を5件追加したことによって「墓石　東京」でGoogleで1位表示されたページです。質問文の中にはしつこくない程度に墓石や東京を含めるようにしています。

質問文はどのようにして集めたのかというと1つは過去にメールでもらった質問を編集したり、消費者視点に立って質問文を書いてくれるライターを外注するなどして集めました。ランサーズやクラウドワークスなどのクラウドソーシングサービスを使えば低コストでオリジナルの記事を書いてくれることがあるので、たくさんの費用をかけずにページのコンテンツを増やすことが可能です。

◉質問文の掲載例

東京都の皆様から、
ご質問が寄せられています。

東京都立多磨霊園に墓地をお持ちの方

母が亡くなった。多磨霊園に当選。墓地の広さは、約1.8㎡。モダンな感じの洋式を希望している。複数の石材店で比較検討したいので、数社の石材店に見積を依頼する予定。評判のよい石材店を教えてほしい。

東京都立八王子霊園に墓地をお持ちの方

東京都立八王子霊園に墓地を持っている。芝生墓地。標準洋型の墓石を建てたい。すでに、1社、石材店さんに見積もりを取った。桜御影、河北山崎などで見積もりしてもらった。複数の石材店で比較して決めたい。評判のよい石材店を紹介してほしい。

同じようなお悩みやご希望の方は、こちらの無料相談へ

⑦関連コラムを追加する

どうしてもこれ以上文字コンテンツを追加することができないときは次の図のように、そのページのテーマに関するコラムを書いてそれを追加するという方法があります。これも自社で書けない場合はクラウドソーシングなどの外注サービスを利用することで調達が可能です。

ただし、単にテーマにあった文字数を増やすという考え方は良くありません。コラムの部分もユーザーが読むことを想定してユーザーに少しでもためになるコンテンツを提供して信頼を獲得する必要があります。それによりサイト本来の目的である成約率アップを目指すことができます。

◉関連コラムの例

...―― 電話代行 コラム ――――――――...

「それでもまだ電話代行は必要とされる」

ここ10年ほどの間にインターネットは急速に発達しました。
それに伴い、企業もホームページの作成やメールでのやり取りなど、
かつてとは違う面を強化せざるを得なくなりました。
この時代の流れから、電話代行サービスなどは衰退するのでは
ないかと思われる方もいるでしょう。
しかし、実際はそんなことはありませんでした。。

やはり仕事上でコンタクトを取る手段の一番手はいまだに電話です。
お客さまあるいは取引先、もちろん会社内の従業員同士も電話が
重要な連絡手段なのは変わりません。
事務員がいたり、社長には秘書がついたりしておりますが、
社長あるいは営業の方などの代行で電話を取り次いだりしてもいるのです。

だからこそ、会社は入社した人に対して電話応対のマナーから教えております。
この研修などに時間の労力を割くことも大変です。
また、教える人と教えられる人、それぞれの時間を使っているのですから、
非生産的とも言えます。

⑧画像のALT属性部分に画像の説明文を記述する

画像のALT属性はブラウザで見たときにユーザーの目には見えない部分なので検索エンジンからの評価はやや低くなりますが、画像のALT属性部分には画像についての簡単な説明文を書くか、画像の表面に文字が書かれているときはその文字をそのままALT属性部分に記述するべきです。

◉画像の例

無料お試しはこちら
Click
毎月20社様限定
すべてをお試し頂けます

◉この画像の表面に書かれている文字をALT属性部分に記述した例

```
<img src="images/10days01_08.png" width="250" height="120" border="0"
alt="無料お試しはこちら 毎月20社様限定"></a>
```

⑨画像の説明文をスタイルシート(CSS)で記述する

ALT属性を使わずにスタイルシートを使って画像の表面に書かれている文字を記述することができます。テキストを画像の背景に書いたり、ブラウザの画面の外に書くやり方です。

◉ソース例

```
display: none; visibility: hidden; text-indent: -9999px;
```

しかし、Googleは公式サイトにある「品質に関するガイドライン」において、こうしたやり方を悪用しないように警告しています。

◉品質に関するガイドライン

Google　Search Console のヘルプを検索

Search Console ヘルプ

ガイドラインを遵守する ＞ 品質に関するガイドライン

隠しテキストと隠しリンク

Google の検索結果でのランキングを操作するためにコンテンツに隠しテキストや隠しリンクを含めることは、偽装行為と見なされることがあり、Google のウェブマスター向けガイドライン（品質に関するガイドライン）への違反にあたります。過剰なキーワードなどのテキストは、次のような方法で隠される場合があります:

- 白の背景で白のテキストを使用する
- テキストを画像の背後に置く
- CSS を使用してテキストを画面の外に配置する
- フォント サイズを 0 に設定する
- 小さな 1 文字（段落中のハイフンなど）のみをリンクにしてリンクを隠す

サイトに隠しテキストや隠しリンクが含まれていないかを判断する際は、ユーザーから見えにくい部分がないか、ユーザーではなく検索エンジンのみを対象としたテキストやリンクがないかを確認します。

悪用かどうかの境目は、不必要に多くのテキストを隠しているかどうかです。ALT属性の記述のルールと同じように、画像の表面に書かれている文字をそのまま記述するのは問題ありませんが、それ以上の文字をその部分に書くのはユーザーには見えない情報を検索エンジンだけに見せて検索エンジンによる評価を不当に高めようとする不正行為だと見なされるので注意をしなければなりません。

以上が既存のWebページ内の文字数を増やしてコンテンツ量を増やすための工夫です。可能な範囲でこうした方法も参考にしながら文字数を増やすようにしてください。

2-2 ◆ 画像

これまで文字数を増やすことが上位表示にプラスに働くことを解説してきましたが、実は文字数を増やせば増やすほどユーザーに負担を与えることになり、次のような問題を引き起こすことになります。

①ユーザーが退屈するようになりページからの離脱率が高まる

現代人は文字だけのコンテンツをあまり読まなくなってきています。このことは新聞の購読者数の減少や、出版産業の市場縮小からも明らかです。新聞もたくさんの写真やイラストを掲載するようになり、販売部数の多い書籍はたくさんのビジュアルを用いるようになってきています。ベストセラーになったビジネス書などでもマンガで難しい概念をわかりやすく説明するようになっています。

こうした中、Webページも出版物のように注意を引くためにビジュアルを多用する必要があります。これを怠り、文字だけのWebページを作ることや、文字を増やすだけ増やして画像は増やさなければユーザー離れを引き起こすことになるでしょう。

②メッセージが伝わりにくくなって成約率が落ちる

画像をWebページ内になるべくたくさん載せるもう1つの理由は読者の理解を助けるためです。読者の理解を助けるために画像を増やすというのはビジュアルエイドという考えに基づいたものです。

ビジュアルエイドというのは、読者により確実に文章の内容を理解してもらうために使う視覚的なオブジェクト（図やグラフなど）のことです。

次の例は心臓外科手術という非常に難しいテーマを扱っているサイトのページです。サイト運営者は各ページ最低でも3つの画像を載せて読者に興味を抱かせ、理解を深めてもらうために努力をしています。

- 心臓外科手術情報WEB

  URL http://www.shinzougekashujutsu.com/web/2009/09/10-136b.html

◉画像の使用例

Q2．私は貴病院から遠方に住んでいますが、
どうすれば その不便さをうまくこなせるでしょうか？
→遠方の患者さんの場合は？

Q3．他院でオペを受けたらこれまでお世話になった循環器内科の先生に見捨てられないでしょうか？
→お答えはこちら

Q4．今後そちらでかかりつけ医としてずっと外来通院したいのですが、、、
→かかりつけ医の大切さ

Q5．現在通っている病院では心配なのでセカンドオピニオンをもらいたいのですが、、、

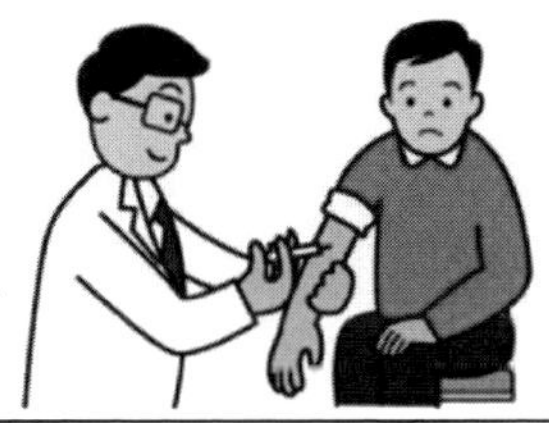

画像はビジュアルエイドとして役立つだけではなく、それそのものがユーザーを自社サイトに集めるための道具になることがあります。それは検索エンジンの画像検索で上位表示をするという「画像SEO」という集客方法です。

GoogleはWebページだけを検索対象にはしていません。ユニバーサルサーチという考え方に基づいて、Web上で配布されているさまざまなデジタルコンテンツを検索対象にしています。

Googleが検索対象としているのは次の7つです。

(1)Webページ
(2)画像
(3)動画
(4)地図
(5)ショッピング情報
(6)書籍情報
(7)モバイルアプリ

上記の他にも、今後さらに増える可能性があります。

この中でWebページの次に昔からあるのが画像検索です。Googleの検索結果画面の上にある「画像」というタブをクリックすると画像ファイルだけでの検索結果が表示されます。

◉Googleの画像検索結果ページ例

さらには、検索ユーザーがWebページだけではなく、画像も見たいのではないかとGoogleが判断したときには次の図のようにWebページへのリンクに混ざって複数の画像を横一列に表示することがあります。

◉Googleの検索結果ページ例

ホンダ・フィット - Wikipedia
https://ja.wikipedia.org/wiki/ホンダ・フィット ▾
ハイブリッドカーについては「ホンダ・フィットハイブリッド」をご覧ください。 4ドアセダンのフィットアリア ... フィット（初代：Fit、2代目・3代目：FIT）は、本田技研工業が生産・販売しているハッチバック型の小型乗用車である。 ... Honda Fit W 1300 4WD Rear.JPG.

価格.com - ホンダ FIT (フィット)の自動車カタログ・価格比較
kakaku.com › 自動車 › ホンダ ▾
★★★★★ 評価: 4.1 - 383 件のレビュー
ホンダ FIT (フィット)の自動車カタログ・価格比較。最大級のクチコミ・レビューで新車情報や値引き情報を徹底比較！全国の自動車販売ディーラーからホンダ FIT (フィット)をオンラインで無料見積もり！

価格.com - ホンダ FIT (フィット) ハイブリッドの自動車カタ...
kakaku.com › 自動車 › ホンダ ▾
★★★★★ 評価: 4.1 - 346 件のレビュー
ホンダ FIT (フィット) ハイブリッドの自動車カタログ・価格比較。最大級のクチコミ・レビューで新車情報や値引き情報を徹底比較！全国の自動車販売ディーラーからホンダ FIT (フィット) ハイブリッドをオンラインで無料見積もり！

ホンダ フィット の画像検索結果　　画像を報告

これは「ホンダ フィット」というキーワードで検索したときの検索結果ですが、ホンダのフィットという車種名で検索するユーザーはホンダのフィットの写真も見れたほうが購入決定に役立つのではないかと配慮、予測して表示をするようにしています。

自社サイトに掲載している画像ファイルがこのように通常のWeb検索結果ページや画像検索結果ページに表示されれば、その分、自社サイトへの訪問者を増やすことが期待できます。なぜなら画像部分をクリックすると次の図のように画像が表示され、画像部分からその画像が掲載されているWebページにリンクが張られているからです（画像の右横にある「ページを表示」というところからもリンクが張られています）。

◉Googleの画像検索結果ページ

◉この画像を掲載しているリンク先のページ

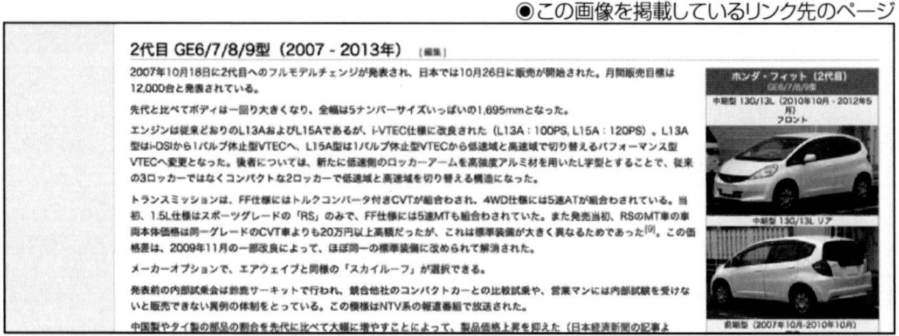
2代目 GE6/7/8/9型（2007 - 2013年）

2007年10月18日に2代目へのフルモデルチェンジが発表され、日本では10月26日に販売が開始された。月間販売目標は12,000台と発表されている。

先代と比べてボディは一回り大きくなり、全幅は5ナンバーサイズいっぱいの1,695mmとなった。

エンジンは従来どおりのL13AおよびL15Aであるが、i-VTEC仕様に改良された（L13A：100PS, L15A：120PS）。L13A型はi-DSIから1バルブ休止型VTECへ、L15A型は1バルブ休止型VTECから低速域と高速域で切り替えるパフォーマンス型VTECへ変更となった。後者については、新たに低速側のロッカーアームを高強度アルミ材を用いたL字型とすることで、従来の3ロッカーではなくコンパクトな2ロッカーで低速域と高速域を切り替える構造になった。

トランスミッションは、FF仕様にはトルクコンバータ付きCVTが組合わされ、4WD仕様には5速ATが組合わされている。当初、1.5L仕様はスポーツグレードの「RS」のみで、FF仕様には5速MTも組合わされていた。また発売当初、RSのMT車の車両本体価格は同一グレードのCVT車よりも20万円以上高額だったが、これは標準装備が大きく異なるためであった[9]。この価格差は、2009年11月の一部改良によって、ほぼ同一の標準装備に改められて解消された。

メーカーオプションで、エアウェイブと同様の「スカイルーフ」が選択できる。

発表前の内部試乗会は鈴鹿サーキットで行われ、競合他社のコンパクトカーとの比較試乗や、営業マンには内部試験を受けないと販売できない異例の体制をとっている。この模様はNTV系の報道番組で放送された。

中国製やタイ製の部品の割合を先代に比べて大幅に増やすことによって、製品価格上昇を抑えた（日本経済新聞の記事よ

画像検索で上位表示されている画像ファイルには、一定の法則性があります。

上位表示されている画像ファイルには次のような共通点があり、それは「画像SEO」のテクニックでもあります。

①検索したキーワードだけが画像に含まれている

これは最も基本的なもので、画像検索したキーワードが「自動車」ならば自動車だけの写真が上位に来るようになっており、自動車の横に人がいたり、背景に海や山があったりするものは検索結果の下のほうに表示されるという法則です。このため、何かのキーワードで画像検索で上位表示したい場合はそのキーワードに関するものだけの写真やイラストにすることが上位表示のコツになります。

◉自動車で検索して上位表示されている画像ファイル

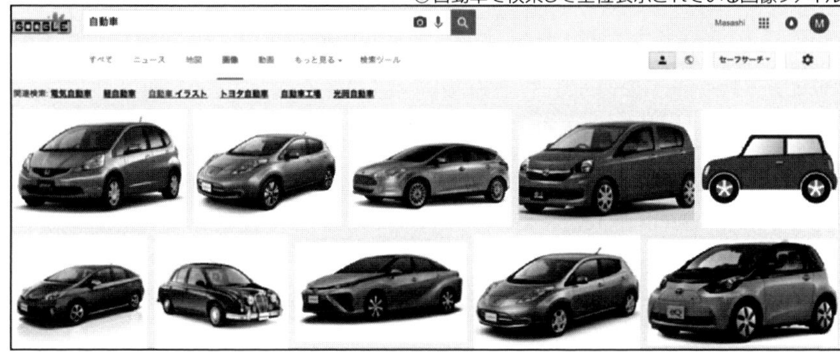

◉自動車で検索して下位に表示されている画像ファイル

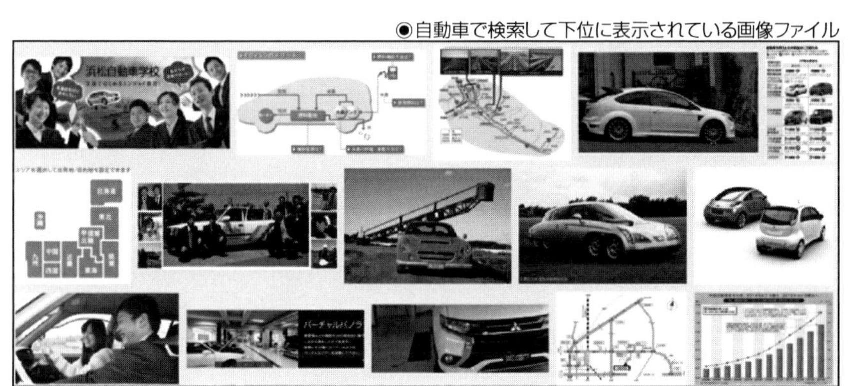

②小さなサイズの画像よりも大きなサイズのものが上位表示されている

小さなサイズの写真よりも大きなサイズのものが上位表示する傾向があります。

③品質が高い画像のほうがそうでない画像よりも上位表示されている

特にサムネイルのように小さい写真やぼやけたような写真は上位表示しにくい傾向にあります。反対にきれいな写真やイラストのほうがより上位表示されている傾向があります。

④画像のファイル名に検索キーワードを表す言葉が含まれている

画像のファイル名に検索キーワードそのものが含まれている場合は、その画像ファイルが上位表示しやすい傾向があります。

次の例は実際に「自動車」で画像検索したときに上位表示されている画像のファイル名です。自動車の車種名を意味するフィット、日産リーフ、フォードフォーカス電気自動車、トヨタなどの単語が半角ローマ字で含まれていることがわかります。

- cs_eco_fit.jpg
- Nissan_Leaf_201211_1.jpg
- FocusElectric_08_HR.jpg
- TOYOTA_Prius_with_AC_Sockets_1.jpg
- Toyota_eQ_1.jpg

Googleはファイル名を見て画像ファイルのテーマを推測するようになっています。このことはGoogle公式サイトにある「Search Consoleヘルプ：画像と動画」に書かれています。

- Search Consoleヘルプ：画像と動画

  URL https://support.google.com/webmasters/answer/114016?hl=ja

◉Search Consoleヘルプ:画像と動画

画像に関する情報をできるだけ多く Google に伝える

画像の詳細や参考となるファイル名を伝える

ファイル名は、Google で画像の題材を知る手掛かりとなります。画像の題材がわかるようなファイル名を付けるようにしてください。たとえば、**my-new-black-kitten.jpg**（「我が家の新しい黒い子猫」という意味のファイル名）は **IMG00023.JPG** よりずっとわかりやすい名前です。わかりやすいファイル名はユーザーにとっても便利です。画像が見つかったページに画像に適したテキストが見つからない場合、ファイル名が画像のスニペットとして検索結果で使用されます。

優れた代替テキストを作成する

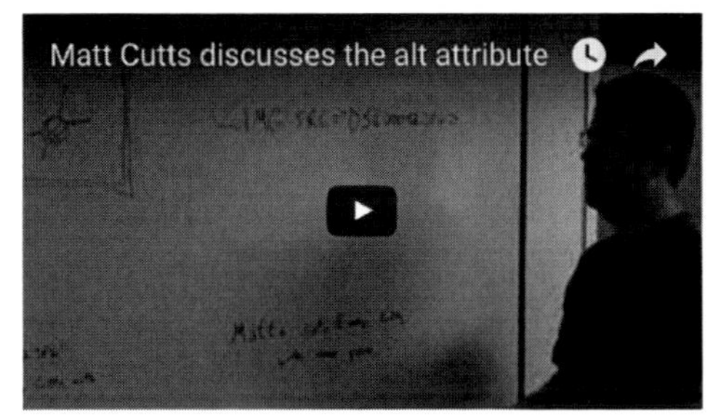

alt 属性は、画像ファイルのコンテンツを説明するために使用されます。この属性は、次のような理由から重要です。

⑤画像が掲載されているWebページの画像のALT属性、画像の周囲の本文、タイトルタグなどに検索キーワードが含まれている

「Search Consoleヘルプ:画像と動画」にも書かれていますが、Googleは画像が掲載されているWebページの画像のALT属性、画像の周囲の本文、タイトルタグなどを注意深く観察しており、それらの部分に画像が何についてのものなのかを判断する手がかりがあると判断します。

このように画像はユーザーのページからの離脱を防止して理解を助けるビジュアルエイドとして役立つだけではなく、それそのものが画像SEOをすることにより集客をすることも可能な重要コンテンツなのです。

Webページ内に文字を増やせば増やすほどそれに比例して画像も増やすように努めてください。

- 【参考情報】Google 画像検索でのおすすめの方法

URL https://developers.google.com/search/docs/advanced/guidelines/google-images?hl=ja

2-3 ◆ 動画

画像よりもさらにユーザーの注意を引くビジュアルエイドとして動画を活用するWebサイトが増えてきています。このことはGoogleが運営するYouTubeという動画共有サービスの普及により加速するようになりました。

動画をWebページに掲載することにより次のようなメリットが生じます。

①サイト滞在時間を長くする

Webページ内に文字や画像だけがあるよりもその内容をわかりやすく詳しく説明する動画があれば、興味のあるユーザーが動画を視聴しサイト滞在時間が伸びてGoogleからの評価が上がり順位アップに貢献するようになります。

◉YouTube動画の掲載例

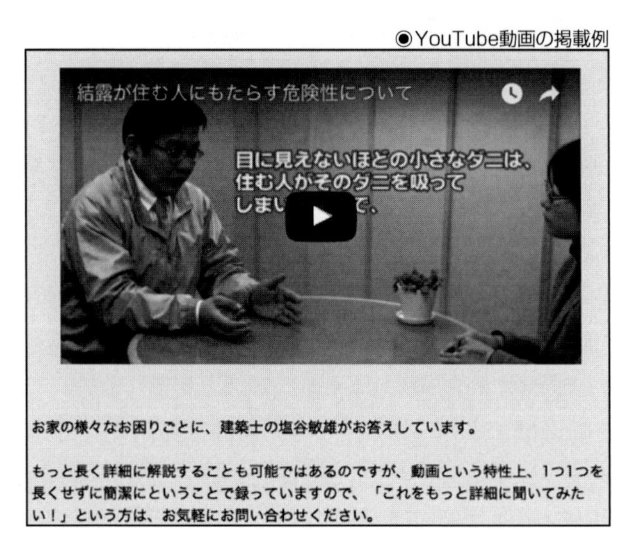

②成約率を高める

商品案内ページにその商品の有効な活用方法などがわかりやすく解説されていれば、商品に対する疑問が解けてそのまま購入の申し込みをするユーザーが増えることが期待できます。

③Googleの検索結果上に動画を表示させてそこからユーザーを自社サイトに誘導する

YouTubeなどの動画が通常のWeb検索結果ページの上位に表示されることがあります。動画をWeb検索結果ページに表示させるためにはGoogleの検索ユーザーが文字でも画像でもなく動画で見る必要性があると判断される次の4つのいずれか1つ、あるいは複数を満たす必要があります。

(1)動きがあったほうがわかりやすいテーマか?

乗り物や、動物、スポーツなどは文字や静止画よりも動画のほうがユーザーにインパクトを与えることがあります。動きが伴う商材を説明する際は動きを記録した動画をYouTubeなどの動画共有サイトにアップロードするとその動画はGoogleのWeb検索で上位表示されやすいということがわかっています。

◉「ラジコン ヘリコプター」で検索した際のGoogleのWeb検索結果画面の例

完成品（電動） - ヤフオク! - Yahoo! JAPAN
category.auctions.yahoo.co.jp › ... › ホビーラジコン › ヘリコプター ▾
1円～ 大型73cmジャイロヘリコプター 村田製作所ラジコンヘリ. 新品. 出品者この出品者の ... ISHIMASA イシマサ 電動 ラジコン ヘリ 動作未確認 220g05. 出品者この出品者の ... ラジコンヘリ・マルチコプター・ドローン (JJRC V686G). 新品. 出品者この出品者 ...

室内／屋外 小型電動ラジコンヘリ V911-1 & V911 - YouTube

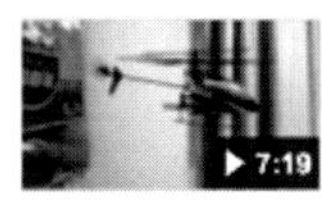

https://www.youtube.com/watch?v=WaZsP2PNBjE
2014/06/22 - アップロード元: horinao2161
室内／屋外 小型電動ラジコンヘリ V911-1 & V911. horinao2161
...

ラジコンヘリ(ラジコン)の通販・ネットショッピング - 価格.c...
kakaku.com/search_results/ラジコンヘリ/?category=0024_0001... ▾

(2)文字や画像を見るよりもプロによる解説を動画で見せたほうが伝わりやすいか?

法律、医学、健康、科学技術に関する情報は文字や画像だけでは専門知識を持たない一般人にとっては理解が困難なことが多々あります。こうしたテーマのコンテンツを提供するときにはプロがビデオカメラを見ながらゆっくりとわかりやすい解説をするとユーザーに内容が伝わりやすくなることがあります。

◉「インプラント 手術」で検索した際のGoogleのWeb検索結果画面の例

インプラントの心がまえ - インプラント手術
www.implant-mdc.jp/ ▾
インプラント手術、**インプラント**治療を受ける人が、どんな心がまえや準備をしたら良いのかをアドバイス。また、**インプラント**を痛みや怖さ無く治療を行うセンターをご紹介。

[閲覧注意] インプラント手術 サイナスリフト法 精密審美歯科...

https://www.youtube.com/watch?v=Og97FHLSZhE
2014/11/22 - アップロード元: 精密審美歯科センター
この動画では、**インプラント手術**のひとつ「サイナスリフト法」の手術を録画です。**インプラント手術**やサイナスリフト法をお知りになりたい方以外 ...

インプラント治療の実際（手術編）：大船駅北口歯科インプ...

https://www.youtube.com/watch?v=33GQVHfpugc
2007/10/25 - アップロード元: implantcenter
いろいろなホームページを見ていられる方は**インプラント**治療に対する知識はだいぶあるかと思います。しかし、『**インプラント**治療は実際にど ...

(3)何かのやり方の解説を動画で見せたほうが伝わりやすいか?

道具の使い方や、機械の設置方法、操作方法、調理方法などを解説した動画は、Web検索結果に上位表示される傾向が高いです。文字や静止画によるプレゼンテーションよりも動画によるもののほうがわかりやすいからだと思われます。

◉「シフォンケーキ 作り方」で検索した際のGoogleのWeb検索結果画面の例

「シフォンケーキ」失敗から学ぶ!成功するお菓子レシピ | お...
recipe.cotta.jp/success/vol4.php?pc=1 ▾
第4回目は、ふわふわとした軽い食感がおいしい、「**シフォンケーキ**」。ヘルシーで人気の高いケーキですが、.「底上げ」や「焼き縮み」という失敗も多いですよね。失敗原因と細かなコツとポイントを覚え、見た目も美しい絶品**シフォンケーキ作り**をマスターしましょう ...

超簡単なシフォンケーキの作り方 How to make super delicio...

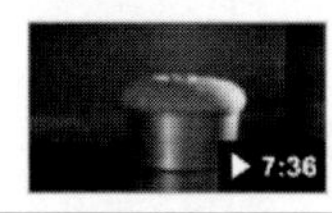

https://www.youtube.com/watch?v=PDojZWOmVCk
2013/06/10 - アップロード元: KovaanTV
超簡単な**シフォンケーキの作り方** How to make super delicious chiffon cake. KovaanTV ... 油と ...

(4)音声があったほうがメッセージが伝わりやすいか?

音楽や、声などに関する商材、あるいは動かすことにより音が発生する商材を紹介するときは音が聞こえたほうが、そうではない場合よりも、説得力が生じることがあります。そのような場合は積極的に動画を活用すべきです。

◉「アナログレコード 音質」で検索した際のGoogleのWeb検索結果画面の例

CDがアナログレコードの音質を超えた日 | TinkerBellSound
tinkerbellsound.jp/column/275.html ▾
2011/01/10 - 最近再会した古い友人が「CDって昔の**レコード**のように自然界の音がちゃんと記録できないんでしょう?」「なのにどうしてこのCDは臨場感が肌にまで伝わってくるの?」と言っていたので驚きました。この「CDは昔の**レコード**のように自然界の ...

レコードはCDより高音質??? - YouTube

https://www.youtube.com/watch?v=wKfG0uM6F2c
2014/02/06 - アップロード元: takeshi H
訂正:**レコード**はCDよりも面積が大きいので情報量が多い と説明していますが、**レコード**盤とCDの面積を比較して、 ... **レコード**はPCM録 ...

レコード、CD、ハイレゾ音源、音質比較 - YouTube

https://www.youtube.com/watch?v=bxt2js3cRaY
2014/03/27 - アップロード元: 山本英二
音質比較に用いた音源は元来**アナログレコード**向けに録音しミキシングしたものなので、アナログプレーヤーが最も自然に ...

さらに、Googleの検索結果画面に表示させるだけではなく、より上位に表示させるために最も効果があるのがYouTube動画のタイトルと紹介文には必ず上位表示を目指すキーワードを含めるというものです。

これは動画SEOテクニックの中でも優先順位が高いテクニックです。特に動画のタイトルに目標キーワードを含めたほうがそうしない場合に比べて遥かに上位表示に有利に働きます。

次の例は実際にYouTube動画のタイトルと紹介文に「人毛ウィッグ」という目標キーワードを含めたことにより「人毛ウィッグ」でGoogle上で検索したときに上位表示している例です。

◉「人毛ウィッグ」で検索した結果

人毛ウィッグ・かつら・フルウィッグ激安通販｜ウィッグ専...
acehigh.jp/free/206.html ▾
激安ウィッグ通販専門店ACEHIGHにお任せください, **人毛ウィッグ**, かつら・フルウィッグ豊富な品揃えでお待ちしております。ACEHIGHならあなたにピッタリの商品が見つかります.

人毛ウィッグのヘアアレンジの仕方 - YouTube

https://www.youtube.com/watch?v=OIOlgpai9a0
2013/10/17 - アップロード元: CHIEKO TSUKAMOTO
医療用**ウィッグ(人毛)**を装着してでのヘアアレンジの仕方です！
http://www.iryouyouuiggu.net/ おしゃれで素敵な医 ...

人毛100%部分ウィッグ 通販 - ディノス
www.dinos.co.jp › 美容・健康・ダイエット › ヘアケア › ヘアアレンジ ▾
ディノス(dinos) オンラインショップ、**人毛100%部分ウィッグ**の商品ページです。商品の説明や仕様、お手入れ方法、買った人の口コミなど情報満載です。ディノスなら代引手数料無料☆初めてのお買い物でもれなく1000円クーポンプレゼント！

目標キーワードだけをタイトルに書くのは不自然なので「人毛ウィッグのヘアアレンジの仕方」という長めのタイトルにしています。それにより「人毛ウィッグ アレンジ」と検索するとGoogleで1位表示されるようにもなりました。

◉「人毛ウィッグ アレンジ」で検索した結果

すべて　画像　ショッピング　動画　ニュース　もっと見る ▾　検索ツール

約 389,000 件（0.33 秒）

人毛ウィッグのヘアアレンジの仕方 - YouTube

https://www.youtube.com/watch?v=OIOlgpai9a0
2013/10/17 - アップロード元: CHIEKO TSUKAMOTO
医療用**ウィッグ(人毛)**を装着してでのヘア**アレンジ**の仕方です！
http://www.iryouyouuiggu.net/ おしゃれで素 ...

人毛ウィッグ アレンジ の画像検索結果　画像を報告

人毛ウィッグ アレンジで見つかった他の画像

医療用ウィッグでも、かわいいアレンジできるんですよ！|...
www.kabri.jp/blog/archives/1317 ▾
2015/03/26 - 医療用**ウィッグ**が作れる富山の美容室Kabri。病気やケガでの ... 通える美

また、次の例はYouTubeに動画を登録する際に記述する動画紹介文にも「人毛」や「ウィッグ」を複数回含めている例です。

●YouTube内のページ例

以上が動画のSEOテクニックの主なポイントです。無理やり動画を作るのではなくユーザーにとって動画もあったほうがメッセージが伝わりやすいと思うときは動画を撮影してWebページに掲載することがユーザーにとってプラスになり、それはそのままGoogleからの評価を引き上げることになります。

④YouTubeからユーザーを自社サイトに誘導する

Googleの次に検索されている検索サイトはYouTube公式サイトだといわれるくらいYouTube公式サイトではたくさんのユーザーがキーワード検索をしています。

●YouTube公式サイトで「人毛ウィッグ」で検索した検索結果画面

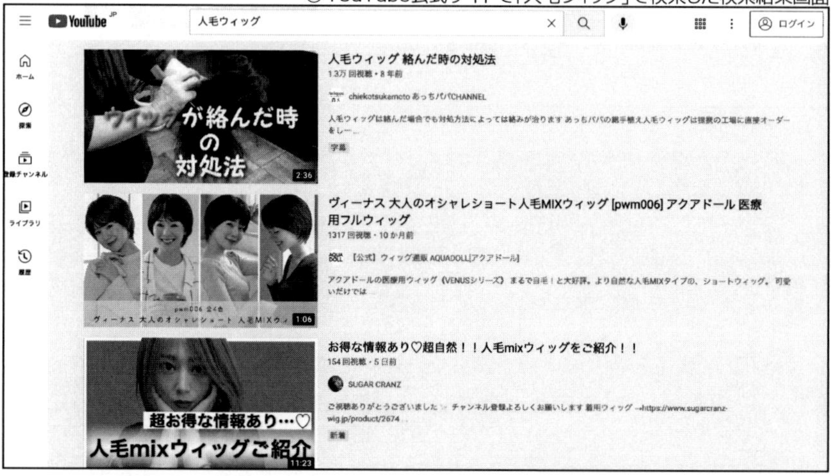

そこで上位表示をするためには、次のようにテクニックだけではなく、動画の面白さ、品質が問われます。

(1)動画のタイトルや紹介文に目標キーワードを含める
(2)実際にその目標キーワードに関する映像を撮影した動画であること
(3)再生回数が競合よりも多いこと
(4)YouTubeユーザーのコメントが多数投稿されていること
(5)動画を投稿したチャンネルの登録者数が多いこと
(6)動画が最後まで視聴されていること
(7)高評価ボタンが多数押されていること

- 【参考】YouTube SEO Ranking Factor Study
  URL https://www.briggsby.com/reverse-engineering-youtube-search

しかし、それはプロが撮影した高品質な動画でなければならないということではありません。実際に上位表示している動画のほとんどはむしろ素人がスマートフォンやホームビデオカメラで撮影した素人動画ばかりです。

ユーザーが求めているのは内容の面白さ、役立つかどうかだけです。試行錯誤を繰り返し、さまざまな動画をYouTubeにアップすることで、誰でも徐々にユーザーのニーズに合致する動画を提供する力がつくものです。何本か動画をアップして再生回数が少ないからとすぐに挫折するのではなくチャレンジを続けるべきです。

⑤他社のサイト上で自社動画を見てもらい、そこから自社サイトに誘導する

Webページに掲載されたYouTube動画の再生が終わるとその動画の関連動画が次の図のように複数、表示されます。

競合他社のサイトに掲載された動画が終了したら自社の動画がそこに表示され、それをきっかけに自社サイトを訪問してくれる可能性が生じます。

◉YouTube動画終了時に表示される画面例

⑥動画内に申込先、問い合わせ先、店舗の地図などがあれば動画を見てそのまま申し込みをするユーザーが増える可能性がある

YouTube公式サイト内で動画を見るユーザーはそこから張られているリンクをなかなかクリックしません。考えられる理由は1つの動画を見ると関連する動画が次々と画面の横に表示され、それまで見ていた動画の再生が終了したときに複数の関連動画が表示されるからだと思われます。こうした理由により動画ページに掲載したリンクをクリックするユーザーは極めて少ないのが現実です。

そうした中、動画を見たユーザーに自社の商品を購入してもらったり、来店してもらうためには動画を見るだけで連絡先や料金、お店までの地図などを載せて動画内ですべてを完結させることが有効です。

次の例は「1000円カット 博多」というキーワードでGoogleで検索したときに上位表示されるYouTube動画です。

この動画のオーナーはWebサイトを持っていません。この動画しかネットにアップしていないにもかかわらず、お店の特徴や料金、地図を載せたわずか数分の動画をYouTubeにアップしただけで毎月、何人ものお客さんが来店するようになったそうです。このことは動画だけで集客ができるということを意味します。

◉「1000円カット 博多」の検索結果

博多区諸岡 1000円カット - YouTube

https://www.youtube.com/watch?v=YOG04JwOeXI
2013/09/26 - アップロード元: 寺西尚之
YouTube見た！で100円OFF！ TEL：092-586-8143 福岡市博多区諸岡に出来た、**1000円カットハウ** ...

1000円カット 諸岡店 福岡市博多区諸岡1-9-1 - YouTube

https://www.youtube.com/watch?v=pJNeXCoNqiI
2013/09/25 - アップロード元: 寺西尚之
YouTube見た！で100円OFF！ 2014.3.31迄 福岡市**博多**区諸岡に出来た、**1000円カット**ハウス カットファ ...

ついに我慢の限界が来たようです - アメーバブログ

ameblo.jp/zasso-life/entry-11458667994.html ▾
2013/01/28 - つ・つ・ついに我慢の限界が来ちまったようです！ 何のことかって？ いや〜いたって個人的なヘアーカットの事なんだけどね 福岡に引っ越し当初から**博多**・天神界隈などで、やたらと見かける1000円の床屋。 なんでしょう・・・ この**1000円カット** ...

以上が動画をWebページに張る意義と、動画だけでも集客効果があるという事例とその手順についてです。ブロードバンドが普及してスマートフォンユーザーも見る動画をWebページに積極的に掲載して動画マーケティングを実践してください。

2-4 ◆ 音声

音楽や、声などに関する商材、あるいは動かすことにより音が発生する商材を紹介するときは音が聞こえたほうがそうではない場合よりも説得力が生じることがあります。そのような場合は積極的に音声が録音されている動画を活用してユーザーに音声を聞いてもらうことが有効です。

動画の他にも音声ファイルへのリンクをWebページ内に掲載することにより音声ファイルを再生してブラウザ上で音を聞くことができます。

次の例は電話代行サービスを提供している企業のサイトが自社の電話秘書の声の質や話し方の丁寧さを知ってもらうために音声ファイルを貼り付けて再生できるようにしている例です。

◉音声ファイルを再生できるページ例

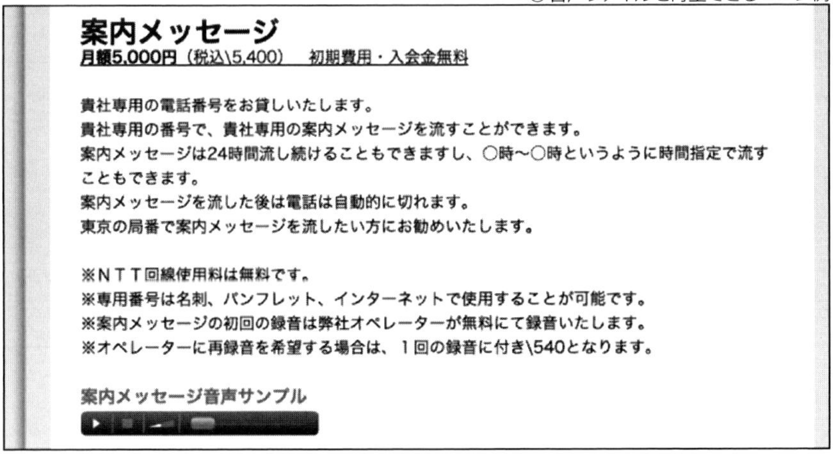

案内メッセージ

月額5,000円（税込\5,400）　初期費用・入会金無料

貴社専用の電話番号をお貸しいたします。
貴社専用の番号で、貴社専用の案内メッセージを流すことができます。
案内メッセージは24時間流し続けることもできますし、○時～○時というように時間指定で流すこともできます。
案内メッセージを流した後は電話は自動的に切れます。
東京の局番で案内メッセージを流したい方にお勧めいたします。

※ＮＴＴ回線使用料は無料です。
※専用番号は名刺、パンフレット、インターネットで使用することが可能です。
※案内メッセージの初回の録音は弊社オペレーターが無料にて録音いたします。
※オペレーターに再録音を希望する場合は、１回の録音に付き\540となります。

案内メッセージ音声サンプル

声や音が重要な業界のWebサイトにこのように音声ファイルを貼り付けることによりサイト滞在時間が長くなるだけではなく、商品・サービスの詳細が伝わり成約率を高めることも期待できます。

2-5◆ソフトウェア・プログラム

Webページ上で作動する何らかのソフトウェア・プログラムを設置することでサイト滞在時間の延長や成約率アップを目指すことができます。

引越や、保険、税務顧問料金の自動見積りフォームや住宅リフォーム、オフィスレイアウトのシミュレーション、ゲーム、クイズなどユーザーが入力する情報により情報が変化する双方向性のコンテンツです。

◉自動見積の実例

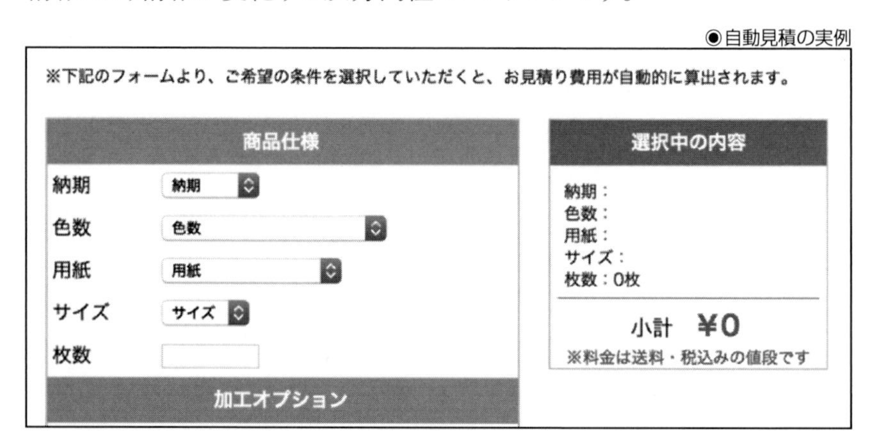

2-6◆ソーシャル

コンテンツ形態で最近、急増しているのがソーシャルメディア上に投稿されるコンテンツです。FacebookやTwitterなどに投稿した情報をタイムラインというフレームを自社サイト上に貼り付けることにより魅力的なコンテンツを提供することができます。特に顧客同士が交流するビジネスや会員制ビジネス、飲食店などでは楽しい雰囲気をサイト上に出すのに効果的です。

それだけではなく、ソーシャルメディア上に自社サイトへのリンクを張った記事を投稿することにより自社サイトへの誘導効果も生じるようになります。

◉自社のFacebookページに投稿した情報を表示するタイムラインの例

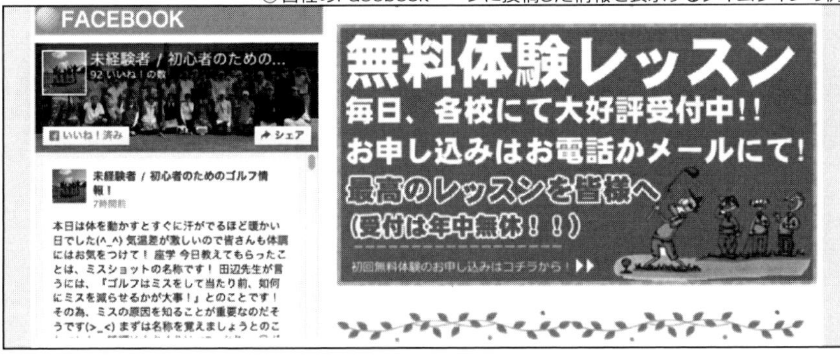

◉自社のTwitterアカウントに投稿した情報を表示するタイムラインの例

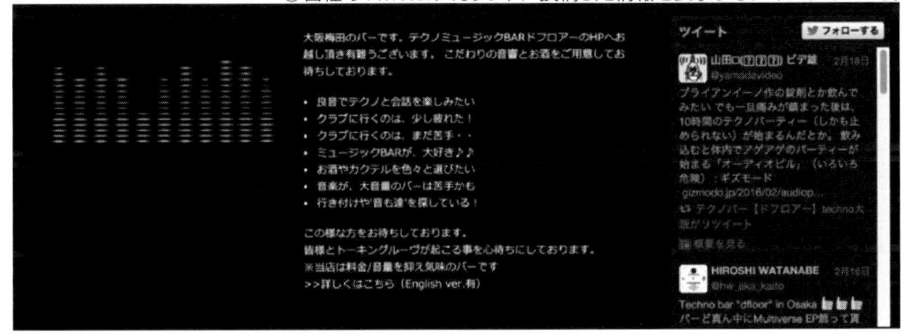

このようにコンテンツは決して文字だけではなく、画像、動画、その他、さまざまな形態が増えてきています。文字だけの退屈なWebページにしないためにもこれらを積極的に取り入れるようにしてください。

 ユーザーの種類と提供するコンテンツ

Webサイトに掲載するコンテンツを企画する際は、次の3つを考えるべきです。

(1)誰に【Whom?】

(2)何を【What?】

(3)どうやって【How?】

アクセス数が少ない企業サイトにはほとんどの場合、営業目的のコンテンツしかありません。商品を見込み客に売りたいと願う結果、見込み客がすぐに申し込みをするように促すためのコンテンツに偏ってしまうのはある意味、当然のことです。

本来なら見込み客を自社サイトに集客できていれば、これは正しいことです。しかし、現実には十分な見込み客が自社サイトに来てくれていないからこそ自社サイトにSEOをするのです。

SEOで成功するためには、まず最初に訪問者を増やすコンテンツを作り、それに対してSEOを実施する必要があります。そうすることによって、それらのコンテンツが検索エンジンで上位表示するようになり、サイトのアクセス数が増えます。その結果、検索エンジンがサイトを高く評価するようになってサイト内にあるさまざまなページが上位表示しやすくなるのです。

このことを実現するためには見込み客だけに自社サイトに来てほしいという願望をいったん脇に置く必要があります。そして、見込み客以外にどのようなネットユーザーがいるのかを知り、より広い層のネットユーザーに自社サイトを訪問してもらうことを願い、そのための行動を起こす必要があります。

自社サイトを訪問してくれる可能性があるネットユーザーには次の種類があります。

◉サイト訪問者の種類

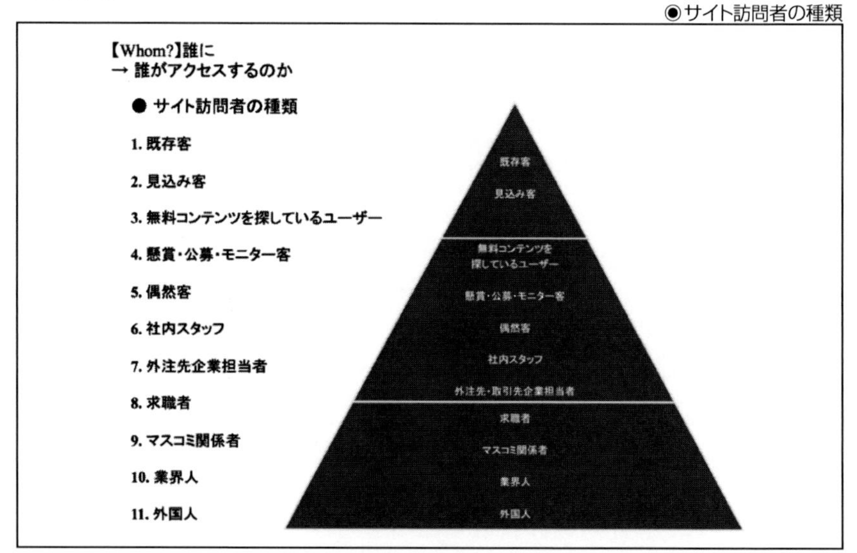

3-1 ◆ 既存客

最も自社サイトを訪問してくれやすいユーザーは実はこれまで自社サイトで購買行動を起こしてくれた既存客です。なぜなら、彼らは一度、またはそれ以上にわたり、自社サイトを信頼してくれて不安を振り払い、お金を払ってくれた人達だからです。

しかし、そのことにほとんどの企業は気が付いておらず、最も集めにくい見込み客ばかりを追いかけています。

一度きりではなく、既存客に自社サイトを何度も訪問してもらえればサイトのアクセス数が増えてGoogleからの評価が高まります。そしてその結果、サイト内にあるWebページの検索順位が上がりやすくなります。

実は既存客に自社サイトにアクセスしてもらうことは非常に簡単なことが多いのです。それを実現する方法は、自社サイトに既存客が見たいと思うコンテンツを用意してメールマガジンやメールなどで告知をするだけでいいのです。

◉Amazonから既存客に送信されたHTMLメールの例

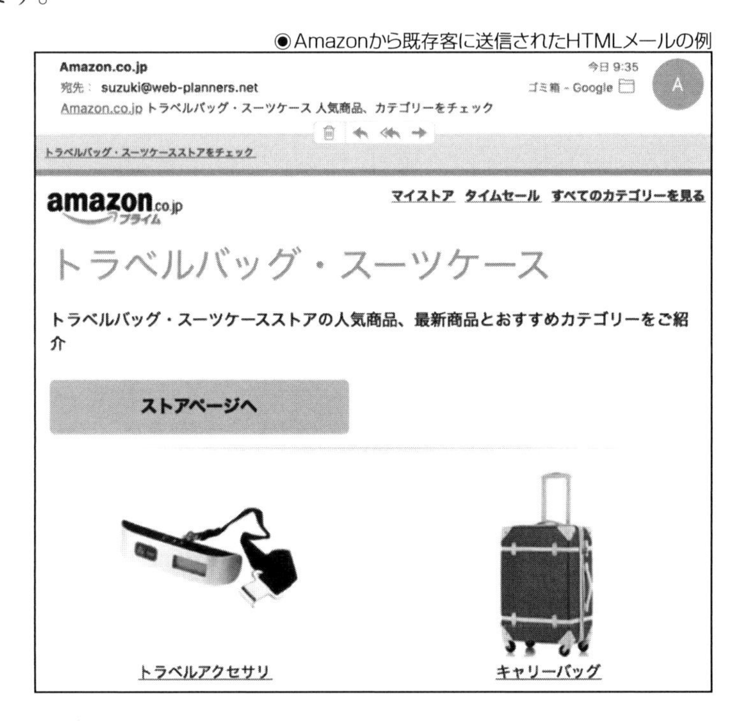

◉楽天市場から既存客に送信されたテキストメールの例

【楽●天】楽天市場ニュース

▼配信停止・配信先の変更はこちら

こんにちは。楽天銀行です。

楽天会員の皆様限定『審査優遇』&『お借入金利半額キャンペーン』の、
楽天銀行のカードローンのご紹介です！！

□　　　　　　　　　　　　　　　　　　　　　　　　　　□
■楽天会員ランクに応じて審査優遇！！■
□　　　　　　　　　　　　　　　　　　　　　　　　　　□

楽天グループの銀行だから楽天会員の皆様には楽天会員ランクに応じて審査を優遇。
※必ずしもすべての楽天会員様が優遇を受けられるとは限りません。

▼　お申込&詳細はこちら↓↓　▼【楽天会員ランクで審査優遇！！】
http://rd.rakuten.co.jp/s2/?R2=http%3A%2F%2Fr10.to%2FhfhXl1&D2=269.5895.44278.760536

楽天会員情報を引き継いでお申込みができるので、お申込が簡単に完了できます。

改めて、これだけは知っておいて頂きたい！！
楽天銀行カードローンの４大ポイントをお伝えします！！

次の図はメールマガジンやメールを既存客に送信している代表例であるAmazonと楽天市場の流入元をシミラーウェブ無料版という競合調査ツールで調べたデータです。これらのサイトで1度でも何かを買うと、その後、たくさんのメールが既存客に届くようになります。

◉Amazonの流入元データ

SimilarWeb
amazon.co.jp
Go
Overview Sources Geo Referrals Search Social Ads Audience Similar Apps
Traffic Sources
last 3 months
ダイレクト
メール
39.56%
25.63%
28.75%
3.14%
2.43%
0.49%
Direct Links Search Social Mail Display

◉楽天市場の流入元データ

これら2つのサイトのデータを見ると、「Mail」（メール）という流入元が全流入元のそれぞれ2.43%、3.61%と高くなっています。既存客にメールを少ししか出さないサイトのデータを見ると、ほとんどが1%台くらいしかありません。

また、それぞれのデータの左側にある「Direct」（ダイレクト）というのはユーザーがブラウザのお気に入り（ブックマーク）に入れたものや、URL入力欄に直にドメイン名を入れて来訪した比率です。Amazonも楽天市場も知名度が非常に高い人気サービスですが、それぞれ39.56%、36.11%と4割近くがDirectからの流入です。

メールを頻繁に既存客に出すことでサイトのブランド名がユーザーに認知され、何か買い物をしたいと思ったらお気に入りに登録していたリンクをクリックする既存客も、ブラウザのURL入力欄に直接ドメイン名を入れる既存客も、Directとして認識されます。

このように既存客に頻繁にお知らせのメールを出すことはメールの本文に書かれているURLをクリックするだけではなく、ブランド認知度を強化することにもなります。

しかし、既存客が望まない情報ばかりをメールで送り続けるとメールの解除依頼が増えてしまい情報配信先が減ってしまいます。そのため、既存客が求めるコンテンツを推測してそれを見てもらうためにメールを配信しなくてはなりません。既存客が読みたいと思えるメールの内容は通常、次のようなものがあります。

①購入後のサポート情報

商品の正しい使い方、効果の出し方を解説したWebページをサイトにアップして、そのURLをメールに記載します。そしてそのリンクをクリックしてもらうための導入文をメールに書いて配信します。

②自分だけにおすすめの商品情報

過去の購入履歴に基づいてその既存客が次に買ってくれそうな関連商品を推測して簡単な紹介文を書き、その下にその商品を購入するための商品紹介ページのURLを記載します。

◉Amazonが配信する過去の購入履歴に基づいた販促メールの例

お客様におすすめの商品

amazon.co.jp プライム　　マイストア　タイムセール　すべてのカテゴリーを見る

鈴木将士 様

お客様が最近チェックされた商品からおすすめ商品をピックアップ。

できる100の新法則 Google Search Console これからのSEOを変える基本と実践
村山 佑介

価格： ¥ 1,944

村山佑介(むらやま ゆうすけ) 不動産会社のインハウスWeb担当者として4年間従事。インハウスを主体としたSEOやリスティング広告、アクセス解析に取り組み、Webサイト改善から業務の改善まで幅広く行う。現在はアユダンテ株式会社のSEOコンサルタントとして企業のコンサルティングを行う。 ムラウェブドットコム http://seo.muraweb.net/blog/ 井上達也(いのうえ たつや) ... 続きを読む

詳しく見る

③最新動向

自社の業界に現在、何が起きているのか、その最新動向を国内、海外問わずに報告するのは読者の興味を満たすことがあります。商品の動向だけではなく、その背景となる技術のことや、展示会やショールームなどで見聞きしたことを報告するのもよいことです。

④事例紹介

既存客がどのように商品・サービスを活用して目的を達成しているのか、その感想やレポートを掲載することで、読者は自分が下した購買という判断が正しかったという確信を持ちやすくなり、満足度の向上とリピート率のアップ、口コミの喚起になることがあります。

⑤購入後の特別なサポート

無料招待する活用方法の説明会の案内ページを作り、商品やサービスを購入した後に、そのページに誘導するためのメールを出すとアクセスが増えることが期待できます。同時に顧客満足度を高め、次の購入をしてもらうための信用を高めることも期待できます。説明会の形態はリアルだけではなく、オンライン動画でも提供可能です。

◉ソフト購入後の説明会の例

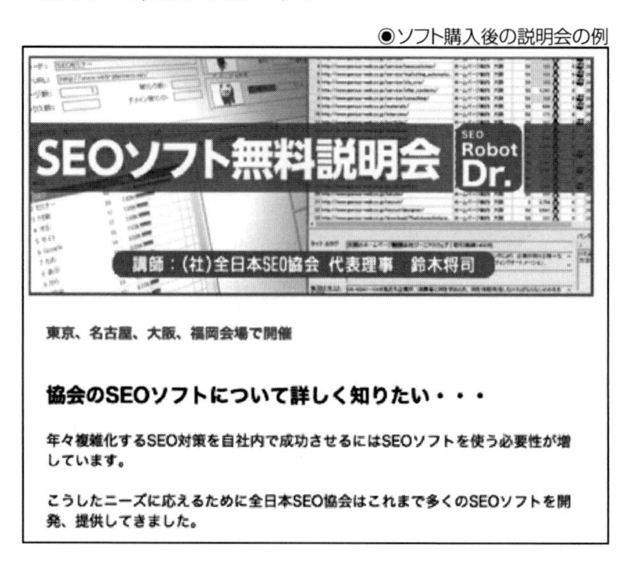

このように既存客へのサービスアップをすることで自社サイトへの再訪問のきっかけを作り、アクセスアップ、リピート率アップを同時に目指すことが可能になります。

3-2 ◆ 見込み客

最も集めるのが困難なのが見込み客です。そのため、多くの企業が膨大な広告費を費やしたり、SEOをするようになっています。

何とかして集めた見込み客に自社サイト上で提供すべきコンテンツは、見込み客が購入を決定するために必要な情報と迷いをなくすための信用情報です。

それらは主に次の内容です。

- 導入事例、成功事例
- 疑問を解消するQ&A
- 商品・サービスの正しい活用方法
- 提供者の信用情報

具体的には次のようなテーマのWebページを作ることです。

- その商品に関するQ&A
- その商品のご利用方法
- その商品の技術に関する豆知識
- その商品の仕様書
- その商品の設置例
- その商品の活用ガイド
- その商品の口コミ
- その商品のお客様の声
- その商品のメディア紹介実績
- 芸能人・モデルなど有名人の推薦の声
- その分野のプロの推薦の声
- その商品の利用者の事例
- その商品の写真の掲載とその説明文
- その商品を説明する動画タグの貼り付けとその説明文
- その商品の生産者・開発者の物語
- その商品の生産者・開発者の声
- その商品の原料の説明
- その商品の品質の説明
- その商品の産地の紹介
- その商品の販売者のプロフィール
- 企業理念の紹介
- 企業の社会貢献活動紹介

こうしたテーマのページを作ることで目標キーワードが含まれた文章が増えるだけでなく、商品の詳細とその提供者の背景を見込み客は知ることができます。

これら1つひとつをテーマにしたページを作れるだけ作り、見込み客の持つ迷いをなくして成約率アップを目指してください。

◉活用ガイドをテーマにしたWebページの例

参考ツール: 活用ガイド

具体的な業務内容をシミュレーションし、Evernote の実践的な使い方をご紹介します。この活用ガイドは、実務で Evernote をどのように活用べきかのヒントとしてご覧ください。

活用ガイド

会社で Evernote Business をセットアップする際の流れ
ミーティングを効率化する方法
Evernote Business for Salesforce で顧客情報を管理する方法
Evernote Business で顧客情報を管理する方法

3-3 ◆ 無料コンテンツを探しているユーザー

ネットユーザーはネットを使うたびに商品やサービスを購入するのではありません。むしろ普段は購買行動ではなく、次のような目的を達成するためにネット接続をします。

- 問題解決
- 疑問解消
- 欲望の充足
- 新しい出会い
- 情報交換

ネット上でこれらの目的を達成するのに必ずしもお金を使う必要はありません。なぜなら多くのものがネット上では無料で提供されているからです。

サイト運営者が自社サイトのアクセスを増やそうとするときに犯すミスは見込み客だけに来てほしいと願うことです。そもそもサイトを運営する目的は商品・サービスを販売して利益を得ることなので、ある意味そう思うことは自然なことです。

しかし、お金を使ってくれる人だけに来てほしいと願う限り、自社サイトのアクセスを増やすには限界が生じます。

自社サイトへのアクセスを増やして検索エンジンからの評価を高めることがSEOに効果があることを思い出し、お金を使わない人達にも自社サイトを訪問してもらえるよう努力をしなければなりません。

また、今はお金を使わないとしても、将来、自社サイトに訪問して新規客になってもらうためにはまずは自社サイトの存在を知ってもらう必要があります。

こうした理由からWebサイト上では誰もが無料で利用できるコンテンツを提供することが重要です。

では、どのような無料コンテンツがアクセスを増やす集客力を持っているのでしょうか?

無料コンテンツは大別すると、次の4つの系統があります。

(1)無料データダウンロード系

(2)無料情報提供系

(3)無料Webサービス系

(4)無料イベント系

①無料データダウンロード系

サイト上で利用できるものや、データをサイト上でダウンロードすると無料で利用できるコンテンツで、次のようなものがあります。

(1)無料ソフト提供

無料で使えるソフト、ツール類も高いニーズがあります。

- 完全無料ソフトのダウンロード配布
- 試用期間30日の全機能が使えるソフトのダウンロード配布
- 機能が一部限定されているソフトのダウンロード配布
- スマートフォン・タブレット用のアプリのダウンロード配布
- サイトにアクセスするとそのまま無料ソフトが使えるASP型ソフト

◉無料ツールの例

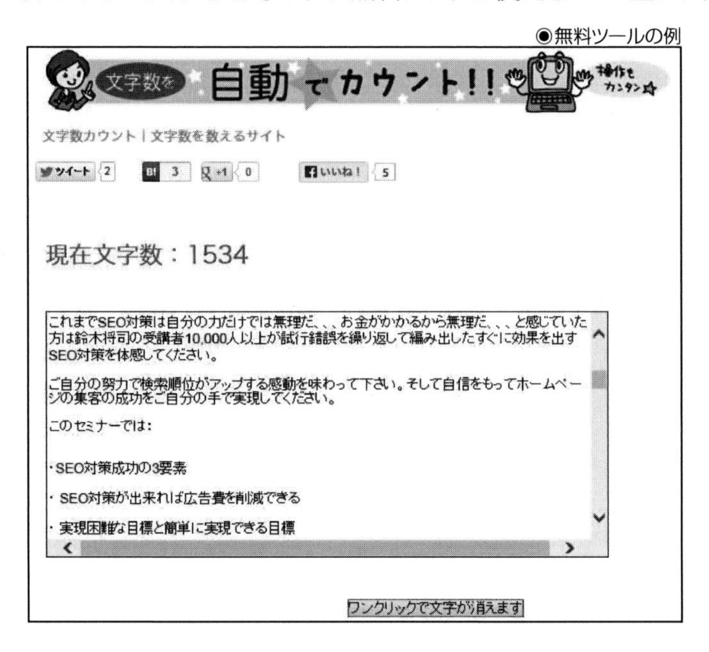

(2)無料テンプレート配布

ワードやエクセルのファイル形式で配布されているひな形をダウンロードして部分的にカスタマイズしたり、必要事項を記入するだけで使えるので、ユーザーは時間と手間を節約することができます。

◉無料書式集の例

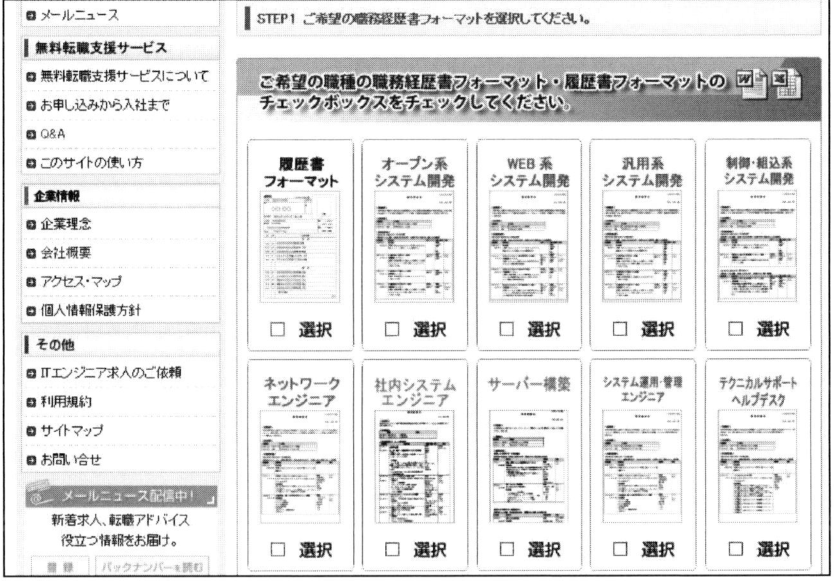

(3)無料レポート配布

ネットユーザーは通常、Webページにある文字情報を読みますが、ある程度まとまった情報になったら、それらをPDF形式のファイルにしてサイト上でダウンロードできるようにすると、それが人気コンテンツになり多くのアクセスをもたらすことがあります。

◉無料レポートの案内例

(4)無料ブログパーツ

無料ブログパーツというのは自分のブログにカレンダーを付けたり、かわいいアニメのパーツを付けたり、天気予報がわかるパーツを付けたりするものです。少しでも自分のブログを面白くするためにこうしたブログパーツを設置するブログ運営者がいます。

◉無料ブログパーツの例

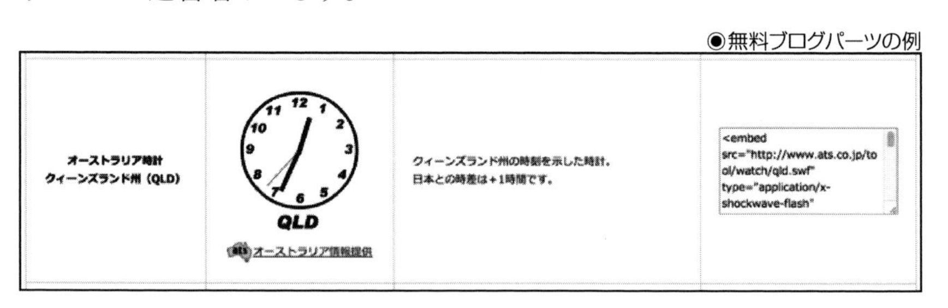

(5)無料画像

イラストや写真を無料素材として配布しているサイトは昔から人気があり、たくさんのアクセスを獲得しています。

(6)無料音声(音声ファイル配布、ポッドキャスト)

画像やレポートの他に喜ばれるものとしては音声ファイルの無料ダウンロードがあります。

◉無料音声ファイルの例

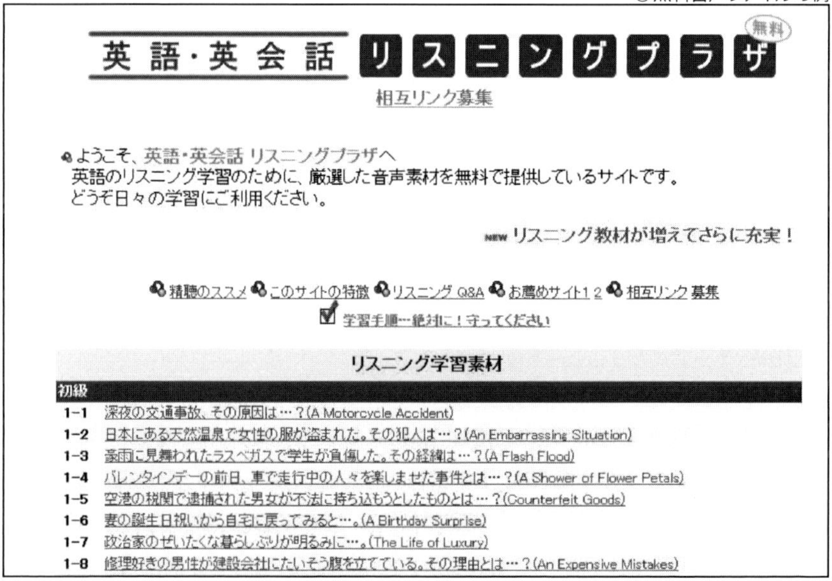

英語・英会話 リスニングプラザ 無料

相互リンク募集

ようこそ、英語・英会話 リスニングプラザへ
英語のリスニング学習のために、厳選した音声素材を無料で提供しているサイトです。
どうぞ日々の学習にご利用ください。

NEW リスニング教材が増えてさらに充実!

精聴のススメ このサイトの特徴 リスニング Q&A お薦めサイト1 2 相互リンク 募集
学習手順…絶対に!守ってください

リスニング学習素材

初級
1-1 深夜の交通事故、その原因は…?(A Motorcycle Accident)
1-2 日本にある天然温泉で女性の服が盗まれた。その犯人は…?(An Embarrassing Situation)
1-3 豪雨に見舞われたラスベガスで学生が負傷した。その経緯は…?(A Flash Flood)
1-4 バレンタインデーの前日、車で走行中の人々を楽しませた事件とは…?(A Shower of Flower Petals)
1-5 空港の税関で逮捕された男女が不法に持ち込もうとしたものとは…?(Counterfeit Goods)
1-6 妻の誕生日祝いから自宅に戻ってみると…。(A Birthday Surprise)
1-7 政治家のぜいたくな暮らしぶりが明るみに…。(The Life of Luxury)
1-8 修理好きの男性が建設会社にたいそう腹を立てている。その理由とは…?(An Expensive Mistakes)

(7)無料動画(YouTubeなど)

YouTubcなどの無料動画のいいところは、一度撮影してアップすれば、PCはもちろん、スマートフォン、タブレット、最近ではテレビでも見られるというマルチデバイスでの露出が可能なところです。

②無料情報提供系

サイト上にネットユーザー、見込み客に役立つ情報を無料で提供することにより、それらの情報を見に来る訪問者を増やすことができます。無料情報提供には次のような種類があります。

(1)海外情報提供

自社の業界でどのようなことが海外で起きているかを日本語でわかりやすく報告すると、オリジナルコンテンツとなり、役立つ情報として読者が増えやすくなります。

(2)業界情報提供

国内の業界でのニュースを一部引用してそのことに関する意見を書くことも読者に読まれる役に立つコンテンツになることがあります。引用するときは必ず引用した情報ソースの名前を書くようにしてください。

(3)レビュー情報

見込み客が購入を検討している商品やサービスを利用してその感想を書くと、役立つ情報になることがあります。

(4)比較・ランキング

自社商品との比較ではなく、見込み客が購入を検討している商品やサービスを利用してどれが使いやすいか比較をしたり、おすすめのランキングを発表するのも独自性のあるコンテンツになります。

(5)アンケート調査結果

既存客にアンケートを依頼し、その集計結果をサイト上で発表すればオリジナルコンテンツになります。また、集計結果とその解釈をレポートにしてプレスリリースするとメディアに取り上げられて、アクセスを増やすことも期待できます。

(6)換算表・比較表

数字の換算表や異なる基準の比較表などを作ると、利便性が高いことを評価して読者が何度もサイトを訪問するきっかけになったり、口コミをしてくれたりすることもあります。

◉比較・換算表の例

英　検	1級	準1級	2級	準2級	3級	4級	5級
TOEIC	930	700	570	450	340	260	対比不可

(旧)商業英検	Aクラス	Bクラス	Cクラス	Dクラス
TOEIC	930	700	520	340

国連英検	特A級	A級	B級	C級	D級	E級
TOEIC	960	850	590	400	260	対比不可

(旧)通　検	1級	2級	VA級	VB級
TOEIC	990	820	700	520

通訳ガイド	合格
TOEIC	950

(7)希少性の高い基礎知識・豆知識

文字だけではなく、オリジナルの画像や動画を使って基礎的な知識を読者のために作れば、希少性があるのでリンクを張ってくれたり口コミをしてくれたりすることが期待できます。

◉基礎知識ページの例

③無料Webサービス系

サイト上で誰でも無料で利用できるサービスを提供すると、定期的にサイトを訪問するリピーターが増えたり、口コミが起きてアクセスが増えやすくなります。また、そうした情報を紹介しているサイト運営者やブログ運営者が紹介してくれることがあります。

無料Webサービス系には次のようなものがあります。

- 無料レンタルサーバー
- 無料ブログレンタルサービス
- 無料ホームページ作成システム
- 無料掲示板
- 無料まとめサイト作成サービス
- 無料SNS
- 無料セミナー情報掲載サービス
- 無料マッチングサービス
- 無料求人サイト

④無料イベント系

オンラインセミナーなどのネット上で開催される無料イベントにもニーズがあります。

(1)無料音声・動画セミナー

1つ目の無料イベントは音声、動画による無料セミナーです。自社のノウハウを公開して見込み客を集客するためのセミナーを開催して、録音または録画をします。

それをYouTubeなどの動画共有サイトにアップロードしてタグを自社サイトに張り、動画を見たり、音声を聞けたりするようにすればオリジナルコンテンツになります。

(2)無料オンライン勉強会

セミナーの他にオンラインで開催できるイベントとしては無料オンライン勉強会というものがあります。自社サイト上に登録したユーザーだけが投稿できる意見交換の掲示板などを設置すればサイトを何度も訪問してくれやすくなります。

(3)コンテスト

ネット上でコンテストを開くというものです。

たとえば、ペットフードを販売しているネットショップなら、飼っている猫や犬の写真を投稿してもらい、ネットユーザーに投票してもらうというものがあります。特設ページや特設サイトを作り、そこに投票プログラムを設置して、気に入った写真の投票ボタンをクリックしてサイトユーザーに投票してもらいます。

サイトユーザーが決めるメリットは投票者のアクセスが増えるからです。投票してほしい人も、投票したい人も両方ともサイトに見に来てもらったほうがアクセスはより多くなります。

このようにネットユーザーの大多数は自社サイトで商品・サービスを「今」購入することはないということを認識して幅広い人達に無料コンテンツを提供することがWebサイトのアクセスアップをする上で非常に重要な課題だということを忘れないでください。

3-4 ◆ 懸賞・公募・モニター募集

自社サイト上で懸賞の企画、論文や感想文の公募企画、あるいは商品のモニターを募集するとそうした情報を探しているネットユーザーがサイトを訪問してアクセス増をもたらすことが期待できます。

ただ募集ページを作るのではなく、募集ページの本文や、タイトルタグ、メタディスクプション、H1タグなどの重要なエリアには、次のように検索ユーザーが検索しそうなキーワードを含めると検索エンジンからの流入を増やすことが目指せます。

(1)(ジャンル名) + 懸賞
(2)(ジャンル名) + 公募
(3)(ジャンル名) + モニター募集

3-5 ◆ 偶然客

サイトを訪問する人達の中には偶然訪問してくれる人達もいます。彼らがたまたま探している情報が自社サイトに書かれているだけで、そうした偶然の訪問者を引き寄せることが可能です。

これを実現するには自社サイト上に次の4つの固有名詞のいずれかを含めることが有効です。

(1)マイナーな地域名
(2)人名(有名人、一般人、歴史上の人、外国人名)
(3)組織、団体名(日本だけではなく、海外も)
(4)商品名、ブランド名、品番

3-6 ◆ 社内スタッフ

社内のスタッフも自社サイトの有力な訪問者になります。人数が少なくてもほとんど毎日のように業務をするために自社サイトを見てくれればアクセスになります。

これを実現するには自社サイトの中にスタッフ専用サイトを作り、社内スタッフが自宅で資料やデータをダウンロードできるようにするなどの工夫があります。

3-7 ◆ 外注先企業担当者

このことは外注先企業のスタッフにもいえます。自社の業務を外注スタッフに依頼している場合、業務をするのに必要な資料や指示書を自社サイト内に設置した外注スタッフ専用サイトにアップロードし、各自に割り振ったユーザーIDとパスワードでログインできるようにすれば一定数のサイト訪問者を増やすことができます。

また、Amazonや楽天市場のように自社の商品を紹介してくれるアフィリエイターを募り、アフィリエイターだけがアクセスできるアフィリエイター専用サイトを作るというやり方もあります。そうすることで商品の宣伝材料を見たり、自分の販売成績や支払い状況の確認、振込先、連絡先の変更をするためにアフィリエイターが頻繁にサイトを訪問してくれることが期待できます。

3-8 ◆ 求職者

多くの企業サイトにおいて見込み客の次に訪問してくれるユーザーは、仕事を探している求職者です。自社サイトの中に求人情報ページを載せたり、求人専門サイトを開設すればたくさんの求職者が訪問してくれることが期待できます。

そして、ただ作るだけではなく、本文やタイトルタグ、メタディスクプション、H1などには次のような目標キーワードを含めれば検索で上位表示しやすくなります。

(1)(職種名) + 募集 + (地域名)
(2)(職種名) + 求人 + (地域名)
(3)(職種名) + 募集 + (勤務形態) + (地域名)

このことはPC版サイトだけではなく、スマートフォン版サイトに特にいえます。求職者の多くがパソコンよりもパーソナルなデバイスであるスマートフォンで仕事の情報を探すようになってきているので、求人情報ページは特にスマートフォンに対応する必要があります。

3-9 ◆ マスコミ関係者

現代のマスコミ関係者の情報源の1つはインターネットです。マスコミ関係者が自社サイトを訪問することを促進するには次のような手法があります。

①今、マスコミが求める最新トレンドが自社の業界にあるかを調べ、そのことに関するコンテンツを自社サイト上に掲載する

最新トレンドに関するコンテンツには、次のようなものがあります。

(1)解説ページ

一般論を述べるだけではなく、自分達がそれに対してどのような活動をしてきたかその経験を中心にライティングします。

(2)執筆者のプロフィールページ

その分野の資格、免許、国内・海外の研修参加実績、活動履歴などをなるべく詳しく掲載します。そのエビデンス(証拠)となる画像や動画といったビジュアルを載せることや、資格や免許を発行している団体のWebサイトにリンクを張り客観的にその分野の能力、実績を証明します。

(3)事例紹介ページ

作品の写真、事例レポート、クライアントの紹介なども可能ならば掲載します。

②①が終わったらプレスリリース代行会社を利用して大手メディア、ニッチメディアにプレスリリースを出す

目立つように取り上げられれば大量のアクセスを短期的に獲得して、複数のメディアに継続的に取り上げられるチャンスが得られます。

取り上げられる確率を増すためには、次のように少しでもニュース性のある情報を発信する必要があります。

- 社会問題（相続問題など）
- 法律改正にからめたもの（薬事法など）
- 経済的な変動（為替、税金など）
- 輸入元の国のこと
- 季節性、祭日にちなんだもの（夏休み、バレンタイン、クリスマスなど）
- 会社としての社会貢献活動
- セミナーなどのイベント商品お試し会
- 新商品の発売
- 商品、サービスのリニューアル

プレスリリース代行会社のほとんどは3万円前後の料金で利用することができます。1回だけではなく、毎年、何回も利用すると大きなPR効果が期待できます。

3-10 ◆ 業界人

自社サイトを訪問しやすいネットユーザーは、同業者や、同じ産業の他の業種の人達です。私達がネットを使って情報収集をしようとするのと同様に、彼らもGoogleなどの検索エンジンを使って情報収集をします。

業界人が欲する情報には次のようなものがあります。

(1)自社の日常を伝えるブログ記事
(2)お客様の声や成功事例
(3)お客様とのやり取り

こうしたものを通常のWebページだけではなく、自社サイトのドメインに設置したブログに記事として投稿すれば彼らのアクセスが増えやすくなります。

また、受け身ではなく積極的に業界人と関わって自社サイトのアクセスを増やすには次のような手法があります。

(1)相互に推薦文を書いてリンクを張り合う
(2)相互にコラムやレポートを書いて提供し、リンクを張り合う
(3)共同でイベントを開いてお互いを紹介し合う(イベントはソーシャルメディアでは高い告知効果があります)

3-11 ◆ 外国人

ほとんどの日本企業のサイト運営者にとって想定外のサイト訪問者は外国人です。

インターネットはもともと全世界のグローバルネットワークですが、多くの日本人が内向きになり日本人同士でのやり取りに終始する傾向があります。

アクセス数の限界を突破するには、海外の別言語を話す人達にもメリットのある情報を自社サイト内で提供することです。

自社の業界での傾向や統計情報を外国語に一部でもいいので翻訳し、自社サイト内に設置した外国語版サイトに掲載するだけでも検索エンジンからの流入が増える可能性が生じます。

また、積極的に外国人に見てもらいたいならば英語がわかる人向けには英語版のFacebookページやTwitterなどを開設し、英語で情報発信すれば海外からのアクセス増が期待できます。

このように自社サイトを訪問してくれるユーザーをより広く想定して、彼らが求めるコンテンツを的確に提供することで多くのアクセスを獲得する道が開けます。

ドメイン内ブログと外部ブログ

企業が自社サイトのコンテンツを増やす上で最も効率的なツールはブログです。ブログの記事は、HTMLなどのWebページ作成の知識がなくても、パソコンの基本操作を知っている人なら誰でもページを増やすことができるからです。

専用の管理画面にログインしてブログ記事のタイトルと本文を入力してボタンをクリックするだけでページが作成できます。そのため、スピーディーにほとんど無限にページを増やすことができ、しかもコストはほとんどかかりません。

ブログはこのようにコンテンツを増やすのに便利なツールなのですが、適切な運用をしないとSEOに効果は出ません。自社サイトのコンテンツを増やしてSEO効果を出すためには自社サイトのドメイン内にブログを設置することが必要です。

◉自社サイト内にコンテンツが増やせるドメイン内ブログ

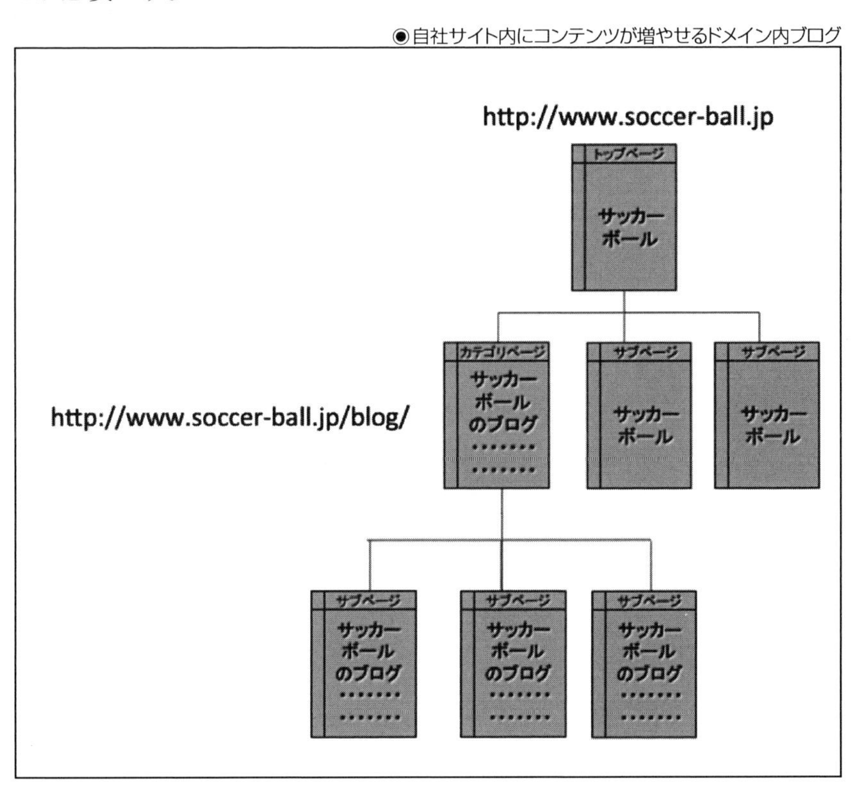

無料で提供されている外部ドメインのブログ（アメブロ、ライブドアブログなど）は自社ドメインではなく、ameblo.jpなど、他社のドメインにページを増やすことになるので自社サイトのコンテンツを増やすことにはなりません。

◉他者が所有する外部ドメインにコンテンツを増やすだけになる外部ブログ

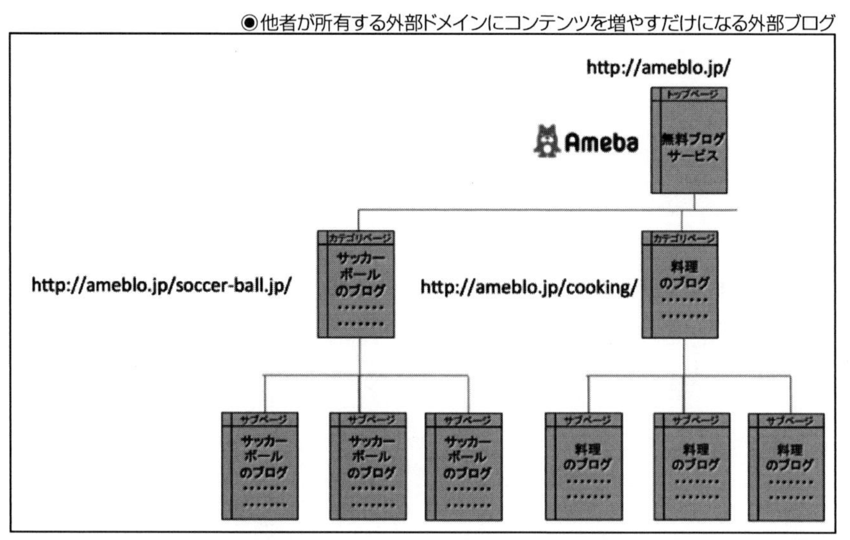

4-1 ◆ ドメイン内ブログ

このように、自社ドメイン内にブログを設置して更新することで、SEOに効果のあるコンテンツを効率的に増やすことが可能になります。しかし、ブログ記事を増やせば増やすほど検索順位が下がるリスクもあります。

そのリスクを回避するためには次のことが必要です。

①サイトのテーマに沿った記事を書く

たとえば、自社サイトのトップページを「サッカーボール」というキーワードで上位表示を目指す場合は、そのサイトのドメイン内に設置したブログにはサッカーボールをテーマにした記事を書く必要があります。

そうしないとサイトのテーマが徐々に逸れてしまい、上位表示法則の1つである「専門性の高いサイトが上位表示する」という法則に反することになります。

ただし、現実には毎回、サッカーボールをテーマにした記事を書くことは難しいので、それが無理な場合は記事内には複数回、サッカーボールというキーワードを含めるように心がける必要があります。

②文字数が多いブログ記事を書く

文字数が少ないブログ記事を追加していくと検索順位が上がるどころか、下がるようになります。これはブログ記事だけではなく、どのようなWebページにもいえることです。

なぜなら、ページには記事以外にヘッダー、フッター、サイドメニューがあり、ほとんどのページのそれらの部分には同じことが書かれているからです。

記事本文がたとえば200文字だけ書かれていて、それ以外のヘッダー、フッター、サイドメニュー部分に500文字が書かれていた場合、個々のページにある独自のコンテンツが共通コンテンツよりも少なくなってしまいます。

この問題を回避するためには、共通コンテンツよりも独自のコンテンツ部分の文字数を増やすことが必要です。上位表示を目指すサイトに設置されたブログ記事の文字数は800文字以上を目指すようにしてください。実際に上位表示されているサイトに設置したブログ記事の本文は、ほとんどの場合、その文字数以上書かれています。

③他のページの内容と重複しないオリジナル記事を書く

サイト内のブログ部分だけではなく、通常のWebページ内にすでに書かれている文章と同じ、または類似した記事を書くことは重複コンテンツを増やすことになり、検索エンジンからペナルティを受けやすくなります。

また、他のドメインのサイトに書かれている記事と類似したものを書くことも許されません。検索エンジンが評価するのはそのページだけに書かれているコンテンツです。

④ユーザーに役立つ記事を書く

ブログはただ文字数が多く、オリジナルのものを書けばいいというものではありません。ユーザーにとって役立つ記事を書かなくてはなりません。

ユーザーにとって役立つ記事というのは、読むことによって次のようなメリットが得られる記事です。

(1)発見：何らかの気付きが得られる
(2)学び：何らかのノウハウが得られる
(3)娯楽：笑いや癒やしが得られる
(4)感動：感動が得られる

これらのいずれかが含まれない記事は最後まで読んでもらえずに読者が離脱する原因になり、SEOに逆効果、もしくは効果がまったくないという結果をもたらします。SEO効果を出すには、これら4つのうちいずれか1つでも含まれた記事を書くことを目指す必要があります。

具体的にどのようなテーマの記事をドメイン内ブログに書きやすいかというと、次のようなものがあります。

(1)お客様からの相談紹介やQ&A、そして最後に自社商品の紹介や導入事例の報告
(2)セミナー・研修の感想、展示会・ショールーム訪問の感想
(3)社内の取り組みや、社会貢献活動の報告
(4)データの集計結果の発表とその解釈や意見を述べる
(5)海外の動向

こうしたテーマのブログ記事内にトップページで上位表示を目指しているキーワードを文中や記事タイトルに含めるとサイト内にテーマの一致したコンテンツを増やしやすくなります。

4-2 ◆ 外部ブログ

一方、アメブロやライブドアブログなどの外部ブログで書く記事は自社サイトのコンテンツにはならないので、自社サイトのテーマから逸れた内容のブログを書くことが許されます。

外部ブログを持つ意味は、自社サイトにリンクを張ることですが、それはリンク対策というよりは見込み客を自社サイトに誘導するという送客元を増やす対策です。

被リンクの評価を厳しくしているGoogleは、かつてのように外部ブログからのリンクを高くは評価しません。若干のリンク効果が期待できる程度で、リンク先のサイトの検索順位アップには少しの効果しかありません。

自社サイトにリンクを張って見込み客を送客するには、外部ブログ自体にアクセスを集めなくてはなりません。外部ブログ自体にアクセスを集めるためには次のようなテーマの記事で十分です。

- 今日の職場での出来事
- 新聞記事・雑誌記事、本の感想
- TV番組、映画、YouTube動画の感想
- グルメの感想
- 週末にしたこと、家族とのエピソード
- 旅行の感想
- 他社商品・サービスの感想（ポジティブな感想）

外部ブログは自社サイトのコンテンツにはならないので、テーマがずれても問題はありません。そのため、こうした関連性の低いものでも役に立ちます。外部ブログのアクセスが増え、そこから自社サイトにリンクを張って誘導できさえすればいいので、何でも書くことが許されます。ただし、薬事法などの法律に触れることは他社ドメインで書いても責任が生じるので避けなくてはなりません。

4-3 ◆ 成約率を高めるための記事の書き方

自社ドメイン内にブログを書く目的はSEO効果以外にもあります。それは成約率を高めるという目的です。ブログを読んだユーザーが記事を読んでそのまま離脱するよりも、そのまま商品を申し込みしてくれたほうがサイトの売上増に貢献します。

ブログを書き続けることで成約率が上がることがあります。お客様に「どのようにして当社のことを知りましたか?」と聞いた際に「ブログを見て知りました」という答えが返ってくるケースが増えれば、ブログを書くことにより成約率が上がったということを実感することができます。

成約率を高めるためのブログ記事に必要な要素には、次の3つがあります。

①信頼性を感じてもらう

信頼性を感じてもらうには、次のような内容を書きます。

- 技術力を維持、向上させるための学習活動の報告
- 参加したセミナー、研修、勉強会などの感想
- 取得した資格の報告
- 読書の感想文
- マスコミ掲載や取材の報告

②誠実さを感じてもらう

誠実さを感じてもらうには、次のような内容を書きます。

- 顧客のため、社会に貢献するために日々地道な努力をしていることを書く
- 真面目に働いていることを知ってもらう(作業日誌、店舗日誌)
- 会社として、または個人として社会貢献活動をしていることを報告する

③問題解決力の実証

問題解決力を実証するには、次のような内容を書きます。

- 顧客とのやり取りの報告
- 顧客の成功事例の報告
- 問い合わせや相談に対する的確な回答

法律、医療、健康、技術関連のサイトや、高額な商品を販売する工務店、不動産業、法人向けB2B商材などのサイトでは見込み客の信頼を獲得することがより重要になります。特にこうした分野のサイト運営者はブログ記事を書くときに読者の信頼を勝ち取るための記事を書くことが成約率向上に貢献します。

5 オウンドメディア

5-1 ◆ コンテンツマーケティング

無数にインターネット上に存在するWebサイトの中から見込み客に自社サイトを訪問してもらうためには、彼らが求めるコンテンツを予測して、自社サイト上でコンテンツを提供する必要があります。

このプロセスは「コンテンツマーケティング」と呼ばれています。全米コンテンツマーケティング協会の定義によるとコンテンツマーケティングとは、「明確に定義されたネットユーザー（見込み客）にとって価値があり、関連性の高いコンテンツを創造し配布することで、最終的に企業に利益をもたらす行動を促す戦略的なマーケティング手法」（Content Marketing Instituteより）のことです。

近年、Googleが良質なコンテンツの提供こそが検索順位を上げるための重要な条件であるということを繰り返し述べるようになり、SEOの世界においてコンテンツマーケティングを企業が実践することが求められるようになりました。

5-2 ◆ トリプルメディア

コンテンツマーケティングを実施できるメディアは主に3つあり、それらはトリプルメディアと呼ばれています。

(1)オウンドメディア
(2)アーンドメディア
(3)ペイドメディア

◉トリプルメディアの概念図

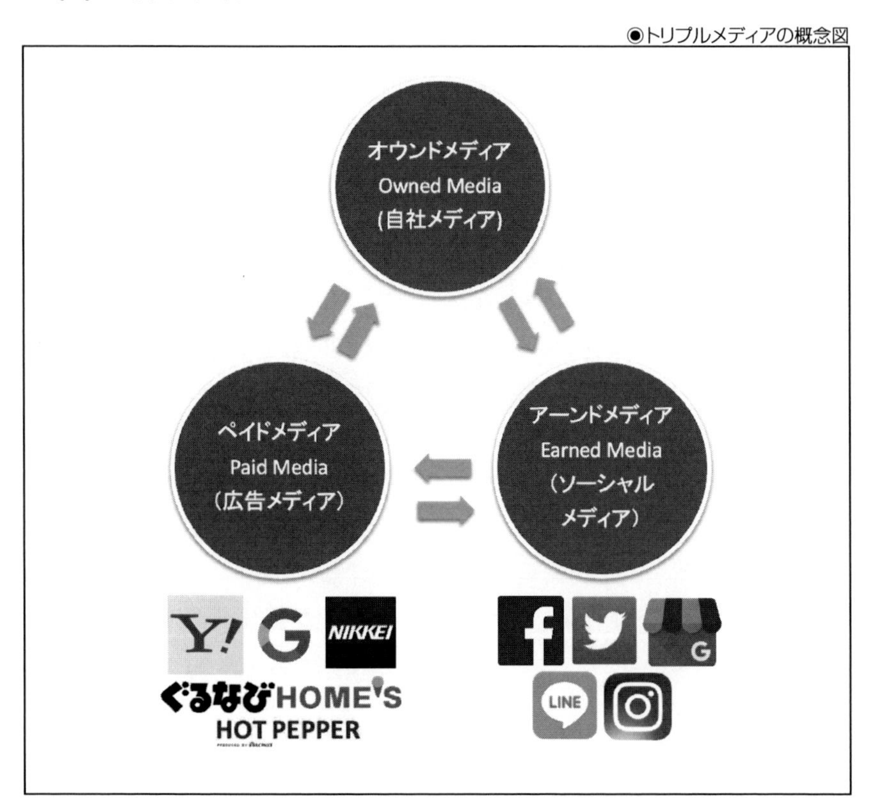

①オウンドメディア

オウンドメディアは「自社メディア」のことであり、自社サイト、自社ブログ、メールマガジンなど、企業が直接所有して自由に情報発信できる媒体です。コンテンツマーケティングをすることにより、自社メディアに集客力のあるコンテツを資産として蓄積することが目指せます。

②アーンドメディア

企業が消費者から評判を獲得するという意味で「Earned ＝ 獲得された」メディアと呼ばれるもので、FacebookやTwitterなどのソーシャルメディアや、アメブロやライブドアブログなどの消費者が運営するブログのことを意味します。企業が情報発信をするだけではなく、消費者との相互コミュニケーションと情報拡散により、ブランディングと見込み客の獲得が可能になります。

③ペイドメディア

広告料金や掲載料金を支払うことによって利用できるメディアで、検索エンジン連動型広告（リスティング広告）、ディスプレイ広告などの純粋な広告の他、ポータルサイトへの情報掲載、記事広告なども含まれます。

5-3 ◆ 各メディアの連携と相互作用

SEOを成功させるためのコンテンツマーケティングを実施するには、オウンドメディアの充実だけでは不十分です。より早く効果を上げるためには、トリプルメディアを連携する必要があります。

①オウンドメディアへのコンテンツ追加

見込み客が求めるコンテンツを予想し、オウンドメディアである自社サイト内にコンテンツを追加することが最初のステップです。

②ソーシャルメディアでの告知

追加したコンテンツをより早く、より多くの見込み客に見てもらうためには、Facebookページ、Twitter、LINE公式アカウント、Googleビジネスプロフィール（旧称：Googleマイビジネス）、Instagramなどのソーシャルメディアを使って、オウンドメディア上のコンテンツの存在を知ってもらうための告知をします。

③オウンドメディアの訪問者増

ソーシャルメディアユーザーにとってそのコンテンツが有益で、友人にも知ってほしいと判断した場合は、情報を拡散してくれるようになります。

こうして消費者から獲得した評判はアーンドメディア上に流通、蓄積されていき、より多くの消費者が自社サイトを訪問してくれるようになります。

④ペイドメディアの活用

自社サイトに訪問したユーザーのうち、一定の割合で売り上げが増加し、利益も増加します。そして、その利益の一部をリスティング広告の費用やポータルサイト掲載料金に投資することで、さらに自社サイトへの訪問者が増え、売り上げと利益も増えていきます。

このようにトリプルメディアの各メディアはそれぞれ孤立したものではなく、相互に影響を及ぼしながらコンテンツマーケティングの成功に寄与するようになります。

6 コンテンツマグネット

6-1 ◆ コンテンツマグネットとは?

コンテンツマーケティングという集客戦略が普及するにつれてコンテンツ間の競争は激化し、ユーザーに要求されるコンテンツのレベルは年々、高まっています。そのため、より高度なコンテンツ作成力が企業に求められるようになりコストも上昇する傾向にあります。

そうした中で企業が効率的にオウンドメディアを比較的低コストで急速に強化する手法があります。

それは「コンテンツマグネット」を持つ手法です。コンテンツマグネットとは「Webサイトに自然にコンテンツが集積してWebページが増える仕組み」のことをいいます。

コンテンツマグネットがあるWebサイトを持つためには、UGC(User Generated Content)やCGC(Consumer Generated Content)と呼ばれる「ユーザー、または消費者が自社サイト内にコンテンツを投稿できる仕組み」を作り上げる必要があります。

UGCまたはCGCの代表的な例には次のようなものがあります。

- Amazonのレビュー情報
- アメーバブログ
- 楽天市場
- ヤフオク!
- Facebook
- Twitter
- YouTube
- Instagram
- TikTok
- note

これらのサービスは情報発信者がエンドユーザーに向けて情報を発信するためのインフラを作り、情報発信がスムーズに行えるような管理をすることによって急速にコンテンツを増やすことに成功しています。

コンテンツマグネットの構成要素は次の3つです。

(1)コンテンツマグネット運営者

(2)情報発信者

(3)エンドユーザー

◉コンテンツマグネットの概念図

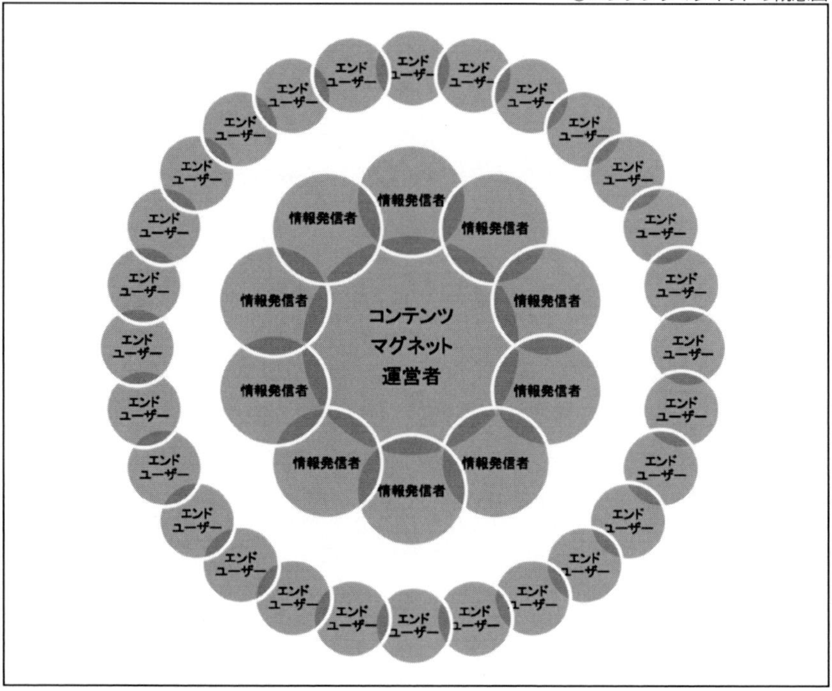

6-2 ◆ 情報発信者のメリット

コンテンツマグネット運営者は情報発信者のメリットを考案しなくてはなりません。情報発信者のメリットには主に次の2つがあります。

①経済的欲求の充足

楽天市場やヤフオク!などでは出店者が商品情報を追加するシステムを提供しています。情報発信者は自分の商品の売り上げを増やすという経済的欲求を充足させるために時間と費用をかけて商品情報を追加します。そして、それはそのままコンテンツマグネット運営者のコンテンツとなりコンテンツが急速に増加することになります。

②承認欲求の充足

Amazonにはユーザーからのレビュー情報を投稿する仕組みがあります。ユーザーは自由に感想を書くことができます。これをしたからといって、ユーザーには経済的なメリットはありません。1人の顧客としての声を販売者だけではなく、他の消費者に知ってほしいという欲求がその動機です。

FacebookやTwitterのユーザーは、他のユーザーと交流したいという欲求の他には、自分の存在を社会に認めてほしい、自分を高く評価してほしいという承認欲求があります。その欲求はいいねボタンの数、シェア数、フォロワー数などの数字によって数値化されるため、さらにその欲求は増大するように設計されています。

6-3 ◆ エンドユーザーのメリット

こうして集積されたコンテンツはサイトを訪問するエンドユーザーの役に立たなくてはなりません。エンドユーザーとは製品やサービスを実際に使う人を意味します。

Amazonや楽天市場、ヤフオク!は、膨大なアイテムから自分が探している商品を検索して見つけることができ、時間の節約というメリットを提供しています。Amazonのレビュー情報は商品の購買を検討しているエンドユーザーに自分と同じ目線の判断材料というメリットを提供しています。

このようにコンテンツマグネット提供者は、情報発信者とエンドユーザーの双方にメリットを提供することにより自らがコンテンツを生成することなく、磁石に金属が吸い付いていくようにコンテンツを集めることができます。その結果、低コストでスピーディーに膨大なWebページを自社サイト内に集積することが可能になります。

第2章

外部リンク対策

他のドメインから自サイトにリンクを張ってもらうことによってサイトの信頼性が高まります。しかし、自サイトにリンクを張ってもらうことは他人とのやり取り、交渉が発生するため、ほとんどのサイト運営者は外部リンク対策が苦手です。そのため、外部リンク対策はライバルサイトと差をつける絶好のチャンスになります。

リンク対策の必要性

質が高いコンテンツを作って自社サイトに掲載した後は、それをより多くのユーザーに見てもらうためにリンク対策をする必要があります。

自社サイト内にある良質なコンテンツのページへ他のドメインのサイトから導線を張ることによって、はじめてコンテンツを見てもらう道が開けます。

SEO技術の3大要素は次のようになります。

(1)企画・人気要素

(2)内部要素

(3)外部要素

3つ目の要素である外部要素対策はWebサイトの上位表示のためには必須の要素です。

◉SEO技術の3大要素

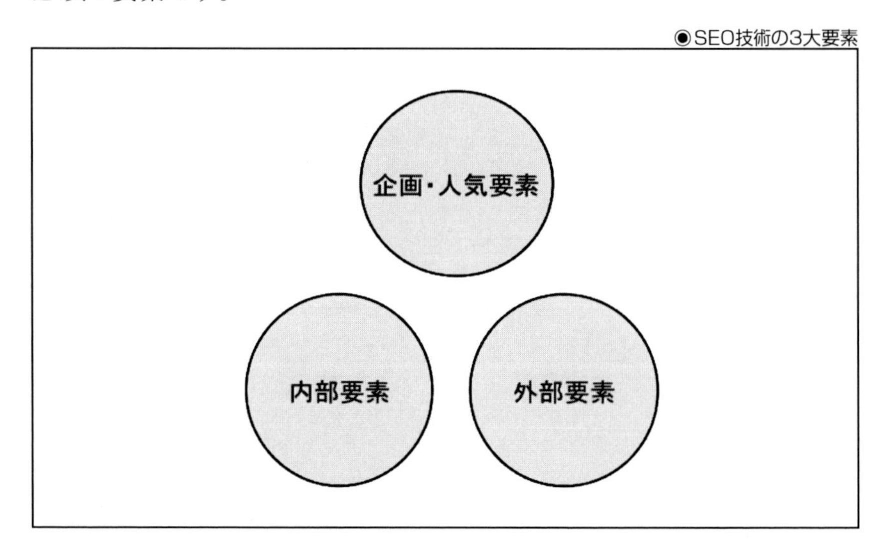

しかし、Googleを始めとする検索エンジン各社は見せかけだけの被リンクに騙されないようにリンクに関する膨大なデータを蓄積、研究して被リンクの質を厳しく精査するようになりました。

被リンク元の数と質

Googleは創業以来、外部ドメインのサイトからのリンクを検索順位決定のための重要な手がかりにしてきました。

2-1 ◆ 被リンク元の数

その1つが被リンク元の数です。特定のサイトへリンクを張っている外部ドメインの数が多ければ多いほどリンクを張られたサイトは人気があって価値が高いはずなので、検索順位が上がるべきだという発想です。

これは学術論文の参照情報をモデルにした考えだといわれています。つまり、さまざまな学術論文の中で参照元として紹介される文献は、多くの学者から信頼されている価値が高い情報のはずだという発想です。

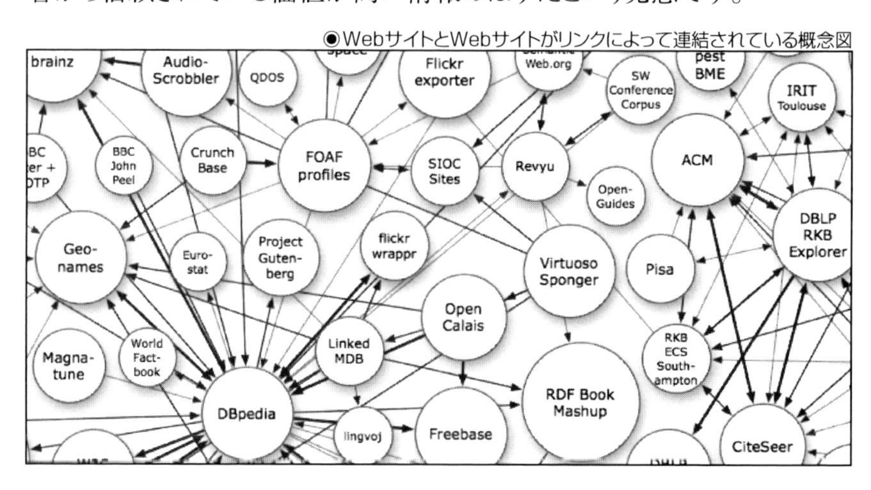

◉WebサイトとWebサイトがリンクによって連結されている概念図

そうした価値の高い情報を持つ文献はその分野のおすすめランキングで上位にランクインされるべきだというのを、そのままWebサイトのランキングに応用したのが初期のGoogleの特徴でした。

この発想を図にすると、次のようなものになります。図の左にあるページAは2つの外部ドメインのサイトからリンクが張られています。一方、右にあるページBは5つの外部ドメインのサイトからリンクが張られています。この場合、参照している、つまりリンクを張っているサイト数が多いページBのほうが人気が高いはずだというのが初期のGoogleの考え方でした。

●自サイトと他者サイトとの関係図

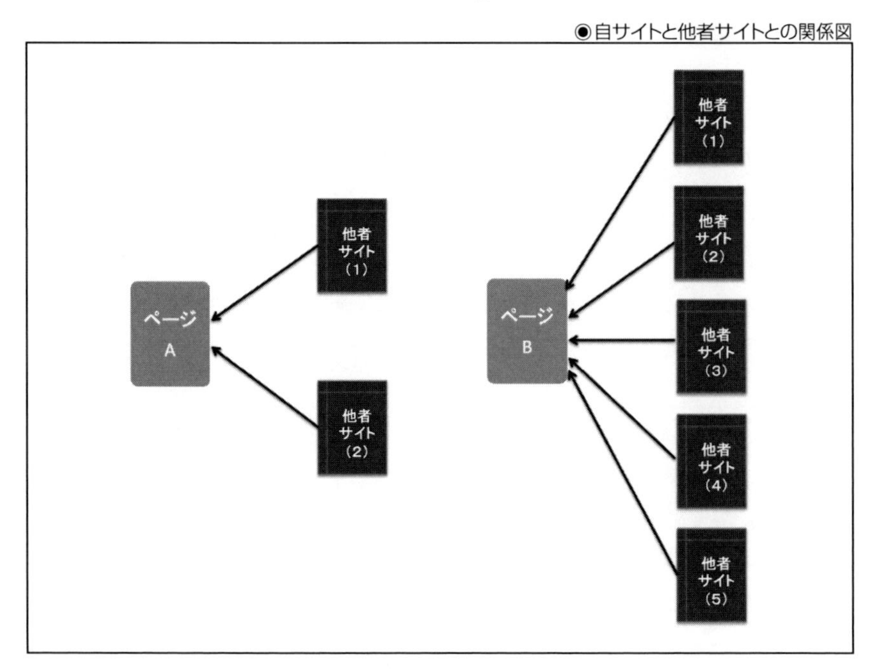

2-2 ◆ 被リンク元の質

しかし、この考え方に限界が生じました。原因は参照という本来の目的ではなく、検索順位を上げるためだけにやみくもに被リンク元の数を増やすという行為が一般化してきたからです。

つまり、SEO目的のためのリンクを販売する企業や個人が急増し、それを購入するサイト運営者も急増し、SEO目的のリンク市場が世界中に形成されたのです。

被リンク元の数だけではなく、その質を評価する基準をGoogleは年々、増やし、不正なリンク購入の効果は徐々に低下するようになりました。質を評価する基準の代表的なものは次のようになります。

(1)ページランク
(2)オーソリティ
(3)クリックされているか
(4)自然なリンクかどうか

①ページランク

Googleはインデックスした Webページ1つひとつにページランクを付けています。ページランクは2016年3月まで発表していましたが現在ではその発表を停止しています。しかし、一般には公表してなくても現在でも検索順位算定において使用されているといわれています。

ページランクという数値を活用することによって被リンク元のページランクも考慮されるようになっています。ページランクが低いたくさんのページからリンクを張られているページよりも、少数でもページランクが高いページからリンクを張られているほうが上位表示される傾向がGoogleにはあります。

②オーソリティ

次に被リンク元の質を測る指標としては被リンク元サイトのオーソリティ、つまり権威性があります。ある特定の分野で多くのユーザーに支持されている団体、組織、学術機関、企業のサイトや、たくさんのファンを抱える人気のある個人のサイト(いわゆるインフルエンサーが運営するサイト)はその分野で権威があるサイトだといえます。ちなみに、インフルエンサーとは多くの人に影響を与える情報発信者という意味で、特にSNSなどを通じて、多くのフォロワーなどに影響力を持つ人物を指して用いられることが多いです。

権威があるサイトからリンクを張られているページのほうが、そうではないサイトからしかリンクを張られていないページよりも検索順位が高くなる傾向があります。

③クリックされているか

Googleが公開している技術特許の1つに陽性リンクと陰性リンクの判別に関する特許があります。

陽性リンクというのはユーザーにクリックされているリンクのことで、通常、陽性リンクはページ内の比較的目立つ部分にあります。一方、陰性リンクはユーザーにクリックされないリンクのことで、多くの場合、ページ内の目立たない部分にあります。

このGoogleの特許によると、陽性リンクは高く評価され、陰性リンクは高く評価されないということです。

◉Googleの特許情報原文

US007716225B1

(12) **United States Patent**
Dean et al.

(10) **Patent No.:** **US 7,716,225 B1**
(45) **Date of Patent:** **May 11, 2010**

(54) **RANKING DOCUMENTS BASED ON USER BEHAVIOR AND/OR FEATURE DATA**

(75) Inventors: **Jeffrey A. Dean**, Palo Alto, CA (US); **Corin Anderson**, Mountain View, CA (US); **Alexis Battle**, Redwood City, CA (US)

(73) Assignee: **Google Inc.**, Mountain View, CA (US)

(*) Notice: Subject to any disclaimer, the term of this patent is extended or adjusted under 35 U.S.C. 154(b) by 272 days.

(21) Appl. No.: **10/869,057**

(22) Filed: **Jun. 17, 2004**

(51) **Int. Cl.**
G06F 7/00 (2006.01)
G06F 17/30 (2006.01)

(52) **U.S. Cl.** **707/748**; 707/751

(58) **Field of Classification Search** 707/2, 707/3, 999.002, 999.005
See application file for complete search history.

(56) **References Cited**

6,539,377 B1 3/2003 Culliss 707/5
6,546,388 B1 4/2003 Edlund et al.
6,546,389 B1 4/2003 Agrawal et al.
6,714,929 B1 3/2004 Micaelian et al.
6,738,764 B2 * 5/2004 Mao et al. 707/5
6,782,390 B2 8/2004 Lee et al.
6,799,176 B1 * 9/2004 Page 707/5
6,804,659 B1 10/2004 Graham et al.
6,836,773 B2 12/2004 Tamayo et al.
6,947,930 B2 9/2005 Anick et al.
7,007,074 B2 2/2006 Radwin
7,058,628 B1 * 6/2006 Page 707/5
7,065,524 B1 6/2006 Lee
7,089,194 B1 8/2006 Berstis et al.
7,100,111 B2 8/2006 McElfresh et al.
7,231,399 B1 6/2007 Bem et al.
7,356,530 B2 * 4/2008 Kim et al. 707/7
7,398,271 B1 * 7/2008 Borkovsky et al. 707/7
7,421,432 B1 * 9/2008 Hoelzle et al. 707/10
7,523,096 B2 * 4/2009 Badros et al. 707/3
7,584,181 B2 * 9/2009 Zeng et al. 707/5

(Continued)

OTHER PUBLICATIONS

Wang et al. "Ranking User's Relevance to a Topic through Link Analysis on Web Logs", WIDM'02, Nov. 8, 2002.*

(Continued)

④自然なリンクかどうか

自然なリンクのほうが不自然なリンクよりも高く評価され上位表示に貢献します。自然なリンクかどうかを判断する基準をGoogleは多数、持っていますが、次のようなものがあることがはっきりとしてきています。

(1)自然なアンカーテキスト

アンカーテキスト中に記述された内容は自然でなくてはなりません。アンカーテキストというのは、次のように<a>と</a>の間に記述された「鈴木工務店」というテキスト部分のことをいいます。

◉アンカーテキストの例

```
<a href=" http://www.suzuki-koumuten.com">鈴木工務店</a>
```

この部分に「鈴木工務店」というアンカーテキストが書かれるのはよく見られる形ですが、この部分に「工務店 神奈川」と入れるのは不自然です。

なぜなら、通常、人は他人のサイトにリンクを張るときにサイト名か、会社名をアンカーテキストにしてリンクを張るか、URLをそのままアンカーテキストにしてリンクを張るからです。

◉自然なアンカーテキストの例

```
<a href=" http://www.suzuki-koumuten.com">鈴木工務店</a>
<a href=" http://www.suzuki-koumuten.com">http://www.suzuki- koumuten.com </a>
```

◉不自然なアンカーテキストの例

```
<a href=" http://www.suzuki-koumuten.com">工務店 神奈川</a>
```

それにもかかわらず、「工務店 神奈川」と入れてリンクを張るのは、あたかも「工務店 神奈川」というキーワードで上位表示を目指しているかのようです。

こうした不自然なアンカーテキストが1つ、2つ程度あるならよいのですが、何十、何百もそのサイトにあれば、それはSEOのためだけのリンク対策をしているのではないかとGoogleに察知され、検索順位は上がりません。それどころか、リンクに関するペナルティを与えられ、検索順位が大きく下がる可能性が生じます。

(2)分散されたドメインエイジ

2012年以前のGoogleは古いドメイン、つまり使用年数が長いドメインで開かれているWebサイトからのリンクを高く評価していました。そのため、古いドメインのサイトからリンクを張ってもらうことが検索順位アップの近道だった時代があります。

その時代には古いドメインのサイトに金銭を支払い、自社サイトにリンクを張ってもらうという活動が流行し、当時のSEOは古いドメインからのリンクをいかにたくさん獲得するかという「古いドメインからのリンク獲得 = SEO」という風潮がありました。

しかし、このようなことが続くと、古いドメインからのリンクを要領よく購入したWebサイトばかりが上位に表示されてしまい、検索エンジンの本来の責務である「ユーザーにとって役に立つサイトの順番にする」というものから程遠いものになってしまうという危機に直面しました。

こうした状況から脱却するために、Googleはリンクの評価基準を厳格化しました。その成果の1つとして古いドメインからのリンクばかりがされているサイトは不自然だと判断するようになったのです。

そして、それ以降は古いドメインのサイトからのリンクばかりではなく、最近、開設された新しいドメインのサイトからもリンクをされないと上位表示されにくくなりました。

上位表示を目指すサイトにリンクを張るサイトのドメインの古さ、つまり年齢(エイジ)を分散する必要性が生じるようになりました。

(3)分散されたIPアドレス

分散されなくてはならないのはドメインエイジだけではなく、ドメインが置かれているサーバーのIPアドレスも同じです。

IPアドレスというのは4つのグループから成る数字の組み合わせを「.」(ドット)で区切ったものです。

◉IPアドレスの例

```
115.146.61.18
214.390.949.18
```

IPアドレスは数字の羅列で覚えることが困難なため、ドメイン名が考案され、IPアドレスを対応させて覚えやすくするようにしました。

◉IPアドレスとドメイン名を対応付けた例

```
182.22.40.24  = http://www.yahoo.co.jp
54.240.248.0 = http://www.amazon.co.jp
```

IPアドレスの数には限りがあり、全国各地にあるレンタルサーバー会社やサーバーを所有している会社・団体にはそれぞれ少数のIPアドレスが割り振られています。

Googleなどの検索エンジンは、サイトへのリンクを評価する際に、たくさんのドメイン名のサイトからリンクされているサイトを基本的には高く評価します。

しかし、検索エンジンが見ているのはドメイン名だけではなく、ドメイン名とひも付けがされているIPアドレスも見ています。

1つのIPアドレス、たとえば「182.22.40.240」というIPアドレスに「http://www.aaaaa.co.jp」というドメインだけなく「http://www.bbbbb.co.jp」「http://www.ccccc.co.jp」というように複数のドメイン名をひも付けている場合、その3つのドメイン名のサイトからリンクされていてもすべて182.22.40.240という同じIPアドレスにひも付けがされているので、3つのドメイン名からリンクされているとはGoogleは評価しません。IPアドレスが同じだということは同じ運営者が運営しているサイトからのリンクでしかないと判断するからです。検索エンジンが高く評価するのは同じ運営者が運営する複数のサイトからのリンクではなく、複数の運営者のサイトからのリンクです。

理由は、そうすることによってより多くの企業や人が支持、推薦するサイトが検索結果の上位に表示されやすくなるからです。こうした理由から、自社サイトの検索順位を上げるためにサーバーを借りて、そこに複数の別ドメインのサイトを開き、それらから上位表示を目指す自社サイトにリンクを張るという支持や推薦のためではないリンクを自作自演することは順位アップにはほとんど貢献しなくなりました。

サイト運営者は自作自演の「形だけのリンク」ではなく、他人から紹介をしてもらうための「真実のリンク」を集めなくてはならないのです。

(4)ディープリンクが多いか

トップページばかりにリンクされると、リンク対策をしていると検索エンジンに認識されるリスクが高まります。真に人気のあるサイトはサイトのトップページへのリンクばかりではなく、サイト内にある有益なコンテンツを掲載しているサブページにもリンクが張られているものです。

他のドメインからリンクを張るとき、張ってもらうときは、トップページへのリンクばかりに偏るのではなく、サブページにリンクを張ってもらうように心がけるべきです。

(5)関連性の高いページからのリンク

Googleはクリックされるリンクを高く評価しますが、クリックされるリンクというのは関連性が高いページからのリンクであることがほとんどです。

たとえば、スキーについて書かれているWebページからスキーグッズのネットショップにリンクが張られていれば読者はクリックする可能性が高いでしょうが、どこかの歯科医院のサイトにリンクが張られていたらどうでしょうか? スキーのコンテンツを求めて訪問してきたユーザーがクリックする可能性は低いはずです。

クリックされる可能性が高いリンクを集めるためにも、リンク先のサイトと関連性の高いページからのリンクを集めるようにしてください。

以上が自然なリンクかどうかの判断基準の主だったものです。Googleはこうした基準によってリンクが自然かどうかを判断して不自然なリンクであると判断した場合、リンクされたページだけではなく、そのページがあるサイト全体にペナルティを与えることがあります。

それによって検索順位が著しく下落し、企業に多大なダメージを与えることがあります。そうした事態を避けるためにも不自然なリンクをサイトに張る活動は避けなくてはなりません。

2-3 ◆ 被リンク元の増加率

Googleが見ている被リンク元の3つ目の特徴は、被リンク元の増加率だということがGoogleの技術特許を分析するとわかります。

なぜ、増加率をGoogleが見るのかというと、ペンギンアップデートが実施された2012年以前までのSEOではとにかく被リンク元の数を増やせば検索順位が上がっていた傾向が非常に高かったため、急激に被リンク元が増える理由は過度なSEOをしている証拠になることがあったからです。

急激に被リンク元が増えること自体には問題はありません。多くのユーザーが見たい情報がサイトに掲載されれば検索エンジンを通じて多くのユーザーがそのサイトを訪問します。そしてその情報を他の人達にも知ってもらいたいと思ったとき、サイトを管理しているサイト管理者の多くが紹介をするためにそのサイトにリンクを張ることがあるからです。

しかし、その場合、単に被リンク元が急激に増えるだけではなく、同時にそのリンクをクリックして訪問するユーザー数も比例して増えるはずです。

しかし、SEO目的のためだけにリンクを張った場合、そのリンクをクリックする人達はほとんどいません。そのため、たくさんのアクセスが発生することはなく、単に被リンク元の数だけが増えるという結果になります。

Googleはこのように被リンク数の増加率とそのリンクをたどって訪問したアクセス数を比較しているのです。そして被リンク数だけが急に増え、それに伴ってアクセス数が増えない場合は、そのリンクは不正なSEO目的だけのリンクではないかと疑うようになります。

短期間で検索順位を上げるためにはまとめてたくさんのサイトからリンクを張ってもらうことが2012年前までには当たり前のように行われていました。一定の料金を払えば多数のリンク集に登録してリンクを張ってくれたり、多くのブログで紹介記事を書いてリンクを張ってくれるというサービスがありました。

そうしたサービスを利用すると、そのときだけ一気にリンク元の数が増えます。それ以外の時期にはリンク元の数はほとんど増えません。

Googleはこうした特徴を捉えて不正リンクを集めたサイトを見つけ出し、ペナルティを与えるようになった現在、こうしたサービスを使うことは避けなくてはなりません。

3 被リンク元の獲得方法

Googleなどの検索エンジンからペナルティを受けることなく上位表示に貢献するリンクはどのようなものかを知った後は、上位表示に効果のあるリンクを獲得しなくてはなりません。

上位表示に貢献する可能性が高いリンクを集めるには、次のような方法があります。

3-1 ◆ 被リンク元をどうやって集めるのか?

被リンク元とは何か、その意味を知った後は、それを実際に獲得する方法を知る必要があります。

①自社が運営する既存サイト、無料ブログからリンクを張る

上位表示を目指しているサイトに対して自社が運営している別ドメインのサイトや無料ブログ(例:ライブドアブログ、アメーバブログ)などからリンクを張るようにしてください。

ただし、リンクを張るときの注意点は次のようになります。

(1)クリックされやすいようにリンクを張る

全ページのサイドメニューやフッターからリンクを張る場合は、ユーザーにリンク情報を見つけてもらいやすいように目立つ位置に掲載してください。

Googleが評価するリンクはクリックされているリンク、またはクリック率が高そうなリンクです。ただ単にリンクを張れば良いというわけではありません。

(2)キーワードだけのリンクをすることを避ける

単語だけのリンク、または目標キーワードだけのリンク(例：「債務整理 大阪」「リフォーム 東京」「インプラント」)はしないでください。それをするとそれらのキーワードで上位表示を目指しているということがGoogleにわかりやすくなりペナルティの原因になることがあります。リンクを張るときの文言は会社名やサイト名でリンクを張るようにしてください。

画像でリンクを張るときは画像のALT属性にもそうした会社名やサイト名を含めるようにしてください。

②取引先、知人からリンクを張ってもらう

取引先の企業の中で取引先紹介ページを持っているところがあったら、そこで紹介してもらえる可能性があります。あるいは取引先がブログを書いていたらブログ記事として紹介してもらい、自社サイトにリンクを張ってもらうこともありえます。また、自分の知人や友人でサイトを運営している人がいたらリンクを張ってほしいとお願いすることも検討してみてください。知人や家族など意外に身近にいる人がリンクを張ってくれることがあります。

③ディレクトリへの登録

今日では、以前ほど効果は高くはありませんが、特定の業種のサイトだけを紹介するディレクトリサイトに登録すると、リンクを張ってくれます。リンクを張ってくれることによってアクセスが増えるので、未登録な場合は登録をしたほうがよいです。

ただし、ディレクトリの中にはrel="nofollow"というタグが含まれたリンクしかしてくれないところもあり、そうしたディレクトリに登録しても通常のリンク効果はありませんが、一定のアクセスが増えることになるのでトラフィック効果を得ることができます。

④ポータルサイトに掲載依頼をする

最近の傾向としてはっきりとしているのは、特定の業種のお店や企業を紹介するポータルサイトに掲載されているサイトほど競争率の高いキーワードで上位表示されている傾向があります。

もし自社の業種において人気がありそうなポータルサイトがあれば、1つだけでも良いので掲載してもらい、リンクを張ってもらうようにしてください。無料プランがあれば無料で、有料プランしかなくても自社サイトにリンクを張ってくれるプランで安いプランがあればそれで十分です。

⑤求人サイト・クラウドソーシングサイトに掲載依頼をする

最近の目立った傾向として、ビッグキーワードで上位表示している企業サイトで複数の求人サイトに求人広告を出し自社サイトにリンクを張ってもらっている事例が増えています。

まったく予算がない場合でも在宅ワーカーに何らかの仕事を出せそうな場合は、クラウドソーシングのサイトに仕事情報を無料で掲載してもらうという方法があります。掲載されると自社サイトにリンクを張ってもらえます。

⑥事例ページ、お客様の声ページからリンクを張ってもらう

Web制作会社にサイトを作ってもらった場合はWeb制作会社の事例紹介ページからリンクを張ってもらうことがあります。また、税理士などの士業やコンサルティング会社と契約している場合も事例紹介ページやお客様の声のページからリンクを張ってもらうことがあります。

こうしたページに掲載されると事例を見たい、お客様の声を誰が書いているかを知りたがるネットユーザーがリンクをたどって自社のサイトに訪問してくれやすくなります。少し面倒だと思っても進んで取引先の事例紹介ページに登場するために取材を受けたり、お客様の声を書いてあげることを普段より心がけるようにしてください。

リンク対策成功の鍵はリンクを張る人にメリットを与えることです。事例紹介ページやお客様の声が充実することは彼ら取引先にとっても営業面でプラスになります。

⑦団体、協会、組合などに入って会員紹介ページからリンクを張ってもらう

これはGoogleが高く評価する権威のある信頼性のあるサイトからのリンクを集める有効な手段です。上位表示しているサイトで見かけるのが地元の経済団体である商工会議所や商工会の会員になって会員紹介ページからリンクを張ってもらう例です。

あるいは同業者組合や団体があれば、それらに加盟するだけで会員紹介ページからリンクを張ってもらうことがあります。最近は外国人観光客が増えていることがよく話題になりますが、地元の観光協会のサイトを検索して会員になり、リンクを張ってもらうという方法もあります。地域にもよりますが、観光協会の会費は年間数万円以内のところもあるので調べてみてください。

⑧コンテンツを他社に提供して著者リンクを張ってもらう

他社が運営するサイトにコラムやレポートを提供して、執筆者の欄から自社サイトにリンクを張ってもらうものがあります。この方法もリンク対策成功の法則である「リンクを張ってくれる人に先にメリットを与える」というものに適合したとても良い方法です。

特に最近はオウンドメディアブームで、さまざまな企業がニュースサイトやコラムのサイトを運営しておりコンテンツ不足で悩んでいます。彼らのコンテンツ不足の悩みを解消してあげながら自社サイトにリンクを張ってもらえれば、双方にメリットが生じます。

そうしたサイトに良質な記事を提供すれば自社サイトへのリンクだけではなく、自社が運営するFacebookページ、Twitterアカウントにもリンクを張ってもらえることがあります。

⑨デザイン見本サイトに登録する

見込み客が見に来てくれるわけではありませんが、Webデザインをする上で参考になるサイトを探しているWebデザイナー達が自社サイトを訪問してくれるサービスとしてWebデザインの見本サイトがあります。Googleで「Webデザイン見本サイト」で検索するといくつかそうしたサイトが見つかります。そして自社サイトのURLを投稿すると無料で紹介してくれてリンクも張ってくれます。特段デザインが優れたサイトでなくても登録されることがよくあるので、遠慮せずに登録申請をしてみてください。

⑩業務提携先からリンクを張ってもらう

他社と業務提携をすると業務提携先の企業のサイトにある業務提携先紹介ページからリンクを張ってくれることがあります。

他にもライセンスを供与するライセンス供与先を紹介するページからリンクを張ってもらうこともあるので、他社からライセンスを受けている場合はライセンス提供元に問い合わせをするべきです。

⑪認証機関からリンクを張ってもらう

工業規格、安全規格、環境保護規格などを認証する機関がサイトから認証先一覧という形でリンクを張ってくれることもあります。

⑫ニュースサイトからリンクを張ってもらう

プレスリリース代行会社にプレスリリースを配信してもらうと、良質なニュースサイトからリンクを張ってもらうことが可能です。プレスリリースとは、自社の新商品発売やニュース性のある取り組みを一定のフォーマットの文章にしてニュースメディアに発信することをいいます。プレスリリースを見たニュースメディアの担当者がニュース性があると判断した場合、それらの媒体に掲載されてリンクを張ってもらうことが目指せるものです。

ニュースとして取り上げられるためにはリリース文の内容が次のように一定のニュース性があるものでなければなりません。

- 新商品発売
- 社内で珍しい取り組みをする
- イベント開催（セミナー、勉強会、展示会など）

できれば1回だけではなく、より頻繁に出すようにしてください。そのためには向こう1年くらいの計画表を立てて、世の中の動きや、季節、祭日や記念日にからめて企画をすると、より高い確率でニュースとして取り上げられやすくなります。

そもそも、なぜプレスリリースを出すことがSEO効果があるかですが、それはプレスリリースの記事を掲載してくれるニュースサイトからのリンクの効果があるからではありません。

Googleは金銭を渡すことにより獲得した被リンクを評価しないようにしています。プレスリリースの記事は通常、法人であり一定の掲載料金を支払えば記事の内容に問題がない限り掲載してもらえます。その記事はプレスリリース配信会社のサイトだけではなく、プレスリリース配信会社が業務提携している有名なニュースサイトのプレスリリースコーナーにも転載され、多くの場合記事内からリンクを張ってくれるようになっています。

◉プレスリリース配信会社のサイトに掲載されたリリース記事の例

もしGoogleがこれらのリンクを評価してしまうと誰もがプレスリリースの記事を出すことにより上位表示が可能になってしまいます。そうなるとGoogleにとって望ましくないサイトでも上位表示できるようになってしまいます。

こうした理由から、プレスリリースを出すことによる直接的なSEO効果、特に被リンク効果は望むことはできません。しかし、プレスリリースを出すことによる間接的なSEO効果、被リンク以外のSEO効果が生じることが明らかになっています。

プレスリリースを出すことがSEO対策上間接的な効果があると考えられる理由は5つあります。

①プレスリリースを見た読者がリンクを張ってくれる可能性が生じる

新しいニュースを探しに多くのネットユーザーがプレスリリース配信サイトを訪れています。自分のサイトやブログで発信する情報として価値があると判断した場合、それらのサイトやブログでそのニュースが取り上げられリンクを張ってくれる可能性が生じます。

②プレスリリースを見た読者が話題にしてくれる可能性が生じる

リンクを張ってくれなくても、サイトやブログで取り上げてもらえればサイテーション効果が生じる可能性が高まります。

従来のGoogleはサイトの人気度の指標として被リンク元の数と質を主な情報源にしてきましたが、現在では他人のサイトからリンクをされていなくても、ただ言及されているだけで一定の評価をするようになってきています。このことをサイテーション効果といいます。サイテーションの詳細については『SEO検定 公式テキスト 4級』の第6章を参照してください。

③プレスリリースを見たマスコミ関係者が取材依頼をしマスメディアで紹介してくれる可能性が生じる

影響力のあるテレビ番組や雑誌、ニュースサイトなどのマスメディアに取り上げられれば多くのユーザーがサイトを訪問してくれる可能性が生じます。

④プレスリリースを見た読者がGoogleで指名検索をしてGoogleからの流入が増える可能性がある

他者のサイトやブログでニュースが取り上げられることや、マスメディアに取り上げられると多くのネットユーザーがニュースで取り上げられた企業の企業名や商品名、サービス名などのブランド名をGoogleやYahoo!などの検索エンジンで指名検索することがよくあります。指名検索がされると通常そのブランド名を所有する企業の公式サイトが上位表示してサイトのアクセス数が増加することになります。

⑤Googleがクッキー技術を使ってトラフィックの増加を認識している可能性がある

リンクをしてもらうことによってそのリンクをクリックしたユーザーが自分のサイトにアクセスするというアクセス効果が生じます。膨大な数のアクセスでなくても、編集者や、メディア関係者、営業先を探している営業マンなどというIPアドレスが分散されたアクセスが発生することをGoogleがクッキー技術によって認識している可能性があります。

3-2 ◆ リンク広告には必ずrel属性を付ける

Webサイト上に掲載する広告を購入することによってリンクを獲得することもできます。しかし、Googleは、金銭を渡すことで得た被リンクをリンクとしては認めないようになりました。

Googleは2019年までは、お金をもらって外部ドメインのWebページにリンクを張る場合は、それがリンクとして認識されないようにアンカータグ（<A href>）のところに「<a href="" rel="nofollow"></a>」のように「rel="nofollow"」と記述することを求めていました。

しかし、その後、2019年になってからは、新たに次の2つのrel属性の使用を推奨するようになりました。

◉rel属性

属性	説明
rel="sponsored"	広告やスポンサーシップ、またはその他の何らかの報酬を得ることによってリンクを外部サイトに張る際に使用する属性
rel="ugc"	ユーザーが生成したコメント欄や掲示板などのコンテンツ内から外部サイトにリンクを張る際に使用する属性

このとき以来、必ず広告としてのリンクを購入するときや、何らかのお金を払ってリンクを張るときは「<a href="" rel="nofollow"></a>」または「<a href="" rel=" sponsored "></a>」と記述して、リンク先のサイトにリンクとしての評価を与えないように設定することが推奨されるようになりました。

Googleは有料のリンクを張っているサイトにも、張られているサイトにも両方に対して厳しいペナルティを与えます。何らかの事情でやむを得ず金銭をもらって他のサイトにリンクを張るときは「rel="nofollow"」、または「rel="sponsored"」のrel属性を含めたタグでリンクを張ることが求められます。

ただし、団体の会員紹介ページやプレスリリースなどは直接的な広告販売ではないので、現時点では「rel="nofollow"」、または「rel="sponsored"」の記述がないリンクでも問題はありません。

4 被リンク元の調査方法

被リンク元を増やす方法についてこれまで述べてきましたが、自社サイトや競合他社がどのようなサイトからリンクを張ってもらっているのか、つまり被リンク元サイトを調べる方法があります。これを知ることで競合他社のサイトの被リンク元を見つけ、自社サイトにも同じところ、あるいは類似したサイトからリンクを張ってもらうための手がかりをつかむことができます。

2013年くらいまではGoogleで「link:ドメイン名」(例：「link: http://www.amazon.co.jp」)で検索すると、被リンク元の情報がたくさん表示され、非常に役立ちました。しかし、年々、表示件数が減っており、このやり方では正確な被リンク元を調べることができなくなってきました。そのため、今日では次のような方法で調べることが一般的になってきています。

4-1 ◆ サーチコンソール内の「サイトへのリンク」

最も正確に自社サイトの被リンク元を調べる方法は、サーチコンソール内にある「リンク」という項目をクリックし、「外部リンクをエクスポート」ボタンをクリックします。

●サーチコンソール内のリンク情報表示画面

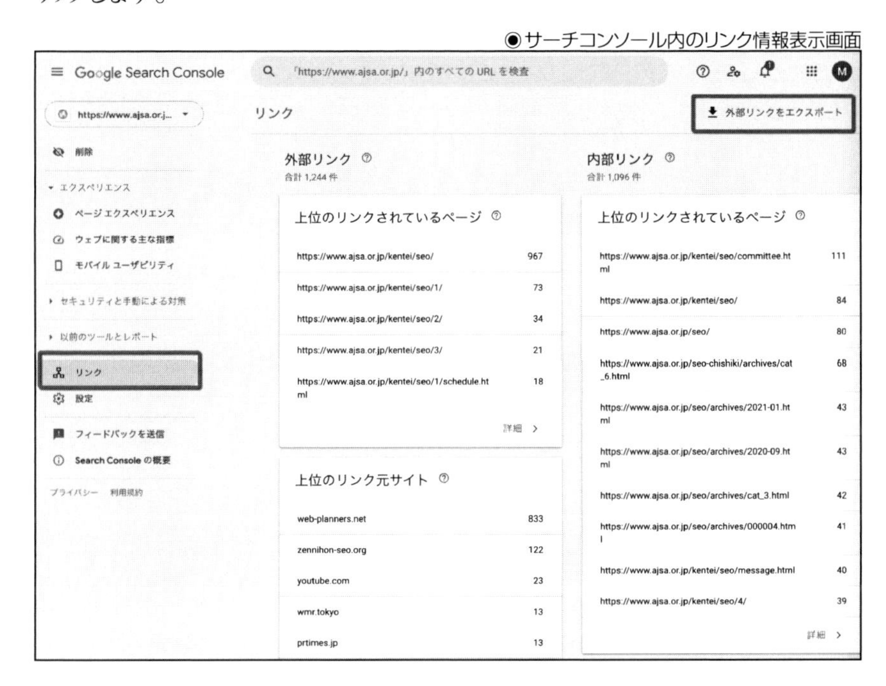

そこで表示される画面の「最新のリンク」→「Googleスプレッドシート」をクリックすると、自社サイト内のページにリンクしているサイトのWebページの一覧が表示されます。

●「最新のリンク」の選択

ファイル形式の選択

Google スプレッドシート

Excel としてダウンロード

CSV をダウンロード

これが自社サイトの被リンク元一覧です。そこにはすでにリンクをしていない古い被リンク元も表示されますが、かなり正確に被リンク元を見ることができます。

◉被リンク元一覧

https://www.ajsa.or.jp/-Latest links-2021-12-12

ファイル 編集 表示 挿入 表示形式 データ ツール 拡張機能 ヘルプ 最終編集: 数秒前

	A	B	C
1	リンクしているページ	前回のクロール	
2	https://www.youtube.com/watch?v=rF11McXM0lk&list=UUF2HEfT0Loex7lqxQ2dmEMw	2021-12-07	
3	https://www.youtube.com/watch?v=KM63B_73O4I&list=UUF2HEfT0Loex7lqxQ2dmEMw	2021-12-06	
4	https://www.youtube.com/watch?v=rF11McXM0lk	2021-12-06	
5	https://www.youtube.com/watch?v=KM63B_73O4I	2021-12-05	
6	https://pelhrimov.info/album/アドワーズ-ログイン	2021-12-05	
7	https://www.youtube.com/watch?v=totuw3D0WHw&list=UUF2HEfT0Loex7lqxQ2dmEMw	2021-12-05	
8	https://itpropartners.com/blog/top_topic/marketer/feed/	2021-12-05	
9	https://www.youtube.com/watch?v=Q854UhY_RN8&list=UUF2HEfT0Loex7lqxQ2dmEMw	2021-12-04	
10	https://www.youtube.com/watch?v=totuw3D0WHw	2021-12-04	
11	https://trasp-inc.com/blog/marke/seo-examination/	2021-12-03	
12	https://twitter.com/htby/status/840132304718635008	2021-12-03	
13	https://prtimes.jp/main/html/rd/amp/p/000000007.000024640.html	2021-12-03	
14	https://twitter.com/alljapanseo	2021-12-03	
15	https://www.youtube.com/watch?v=Q854UhY_RN8	2021-12-03	
16	https://www.web-planners.net/knowledge/direct-access.php	2021-11-30	
17	https://www.web-planners.net/knowledge/mukankei.php	2021-11-30	
18	https://www.web-planners.net/knowledge/Internal-links.php	2021-11-30	
19	https://www.web-planners.net/knowledge/dokujisei.php	2021-11-30	
20	https://www.web-planners.net/knowledge/copycontent.php	2021-11-30	
21	https://www.web-planners.net/knowledge/senmonsei.php	2021-11-30	

4-2 ◆ 被リンク元調査ツール

その他、次のようなサードパーティーが被リンク元調査ツールを提供しています。

①マジェスティック(https://ja.majestic.com/)

信頼性の高い被リンク元調査ツールとしては英国の会社が提供している「マジェスティック」という有名なツールがあります。無料版は上位10件の制限がありますが、約6000円の月額費用を支払うことでかなりの数の被リンク元のデータと非常に詳しい詳細を見ることができます。

②Link Explorer(https://moz.com/link-explorer)

米国のMOZ社が提供するツールで、被リンク元情報の他にもドメイン名の信頼性などの指標を見ることができ、広く利用されているツールです。

③エイチレフス(https://ahrefs.jp/)

自社サイトだけでなく、あらゆる競合サイトの被リンク分析や検索エンジンの上位表示コンテンツ、想定流入キーワード、ソーシャルメディアの反応を把握することができるツールです。

④Ubersuggest(https://neilpatel.com/jp/ubersuggest/)

高額なツールに比べるとデータ量や正確性が不足していますが、低料金で被リンク元だけでなく、キーワード調査、サイト分析、検索順位測定、競合調査などができるオールインワンのSEOツールです。

以上が、競合サイトや自社サイトにリンクを張っている被リンク元を調べる方法です。これらのやり方で調べたら単に数字の多少を比較するのではなく、競合他社にあって自社サイトにない被リンク元のサイトの種類を見つけ、自社サイトにもそうした種類のサイトからリンクを張ってもらうためのリンク獲得作業をするようにしてください。それによって上位表示するためのリンク獲得対策をスタートすることが可能になります。

第3章

トラフィック要因の重要性

トラフィック（サイトへの交通量）が多いサイトが近年Googleで上位表示するようになりました。このことは大手企業や人気サイトばかりがGoogleで上位表示しやすくなっていることを意味します。自サイトを上位表示するにはトラフィックを増やすという壁を突破しなくてはなりません。

1 トラフィックとは?

被リンク元の数と質という評価基準を偏重してきたGoogleは徐々に方針を転換して、リンク以外の外部要素を評価するようになりました。Googleが新たに評価基準として取り入れた外部要素とはトラフィック要因です。

◉SEO技術の3大要素

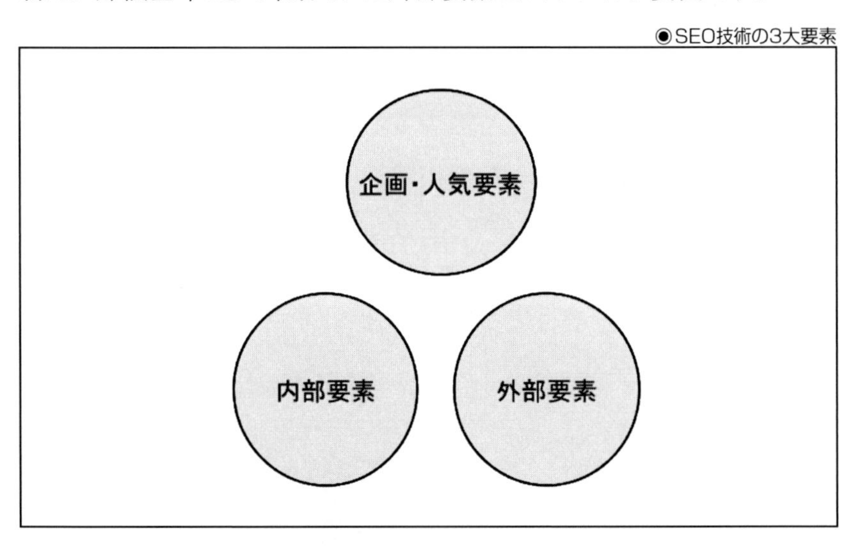

1-1 ◆ トラフィックの意味

トラフィックは直訳すると「交通量」のことです。サイトの交通量とは、サイトを訪問するユーザー数のことでサイトのアクセス数を意味します。

Googleが2012年にペンギンアップデートを導入して以来、被リンク元を集めただけのサイトの順位よりも、トラフィックが多いサイトの順位が上がる傾向が強まるようになりました。

1-2 ◆ 検索順位決定要因で年々重要性を増すトラフィック要因

トラフィックが多いサイトというのは別の言い方をすれば「人気があるサイト」ということです。人気のあるサイトであればあるほどサイトを訪問するユーザーが多く、そのサイトには多くのトラフィックが発生します。

このことは大手企業のサイトの検索順位が高まるようになったことを意味します。ペンギンアップデート実施前は大手企業のサイトより、個人や小さな企業が作ったサイトが上位表示している事例がたくさん見られました。

その理由はたくさんのサイトからリンクを張ることによって、Googleからの評価を実際のサイトの実力よりも高く見せることが容易だったからです。

しかし、この傾向が長く続くと何が起きるかというと、ユーザーが求めるサイト、上位表示されるべきだと期待する有名な企業のサイトが上位表示できないということになり、Googleの検索順位に対する信頼が揺らぐことになります。

たとえば、「不動産」というキーワードで検索したときに大手の財閥系の不動産会社や上場している有名企業が運営する物件検索サイトが上位表示されずに、聞いたこともない小規模な不動産会社のサイトばかりがGoogleで上位表示していたらどうでしょうか？　それでは真にユーザーが求めるサイトを検索ユーザーに提供することができなくなってしまいます。

1-3 ◆ トラフィックの多いサイトが上位表示をしている

Webができたばかりの2000年代初頭のころは、確かにリンク対策だけ、SEOテクニックだけで上位表示ができていた時代がありました。しかし、現在では当時と比べてその傾向は弱まってきています。

このように、Googleがペンギンアップデートの実施を通じて自らの検索精度を高めるにつれて、トラフィックが多い人気サイトが検索結果の上位に表示されるようになってきたのです。このことは、海外の有力なSEO会社が毎年のように発表しているSearch Engine Ranking Factors（検索順位決定要因）で、次ページの図のようにトラフィックの要因が検索順位算定において利用されていることからもわかります。

◉2015年版の検索順位決定要因データ

Googleのトラフィック認識方法

ここで気になるのはGoogleがどのようにしてトラフィックが多いサイトを見つけるか、その技術的な根拠です。

2-1 ◆ 検索結果上のクリック数とクリック率

最も古くからGoogleが観察しているのが、Googleの検索結果ページ上に表示されるサイトのクリック率です。検索結果上に表示されるWebページのリンクの表示件数とクリック数から算出するクリック率が、サイトの人気度を推測する重要な指標になっています。

キーワードごとに表示される検索結果ページのどのリンクがどのくらいクリックされるかという非常にシンプルなデータです。このことはGoogleが提供しているサーチコンソールで見ることができる検索パフォーマンス内に表示される平均CTR（検索結果ページ上の平均クリック率）を見れば明らかです。

◉Googleが提供する「平均CTR」のデータ

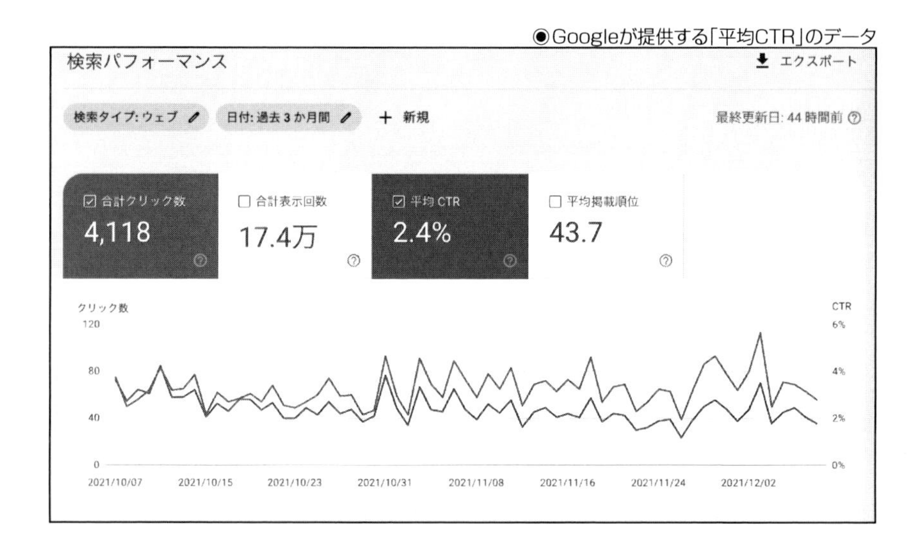

Google以外のサイトであるブログランキングシステムや各種ポータルサイトでも、クリックされればされるほど表示順位が上がるアルゴリズムを採用しているところが昔からあります。

同じユーザーが短時間に何度も同じWebページをクリックして自社のページの検索順位を引き上げる不正行為を防止するために、Googleは検索ユーザーがネット接続する際のIPアドレスを把握しています。そのため、そうした単純な不正行為は順位アップには効果がないようになっています。

Googleはこうした検索結果上のクリック数とクリック率を見ることで、リンク先であるサイトのトラフィックを推測することができます。このことはGoogle公式サイトのプライバシーポリシーでも発表されており、「Googleでは、ユーザーがリンクをたどったかどうか追跡できるフォーマットでリンクを表示しています。これらの情報は、Googleの検索技術、カスタマイズコンテンツおよび広告の品質を向上させるために使用されます。」(http://www.google.co.jp/policies/privacy/archive/20090311/)のように明記されています。

他にもGoogleが米国特許庁に提出している特許情報を見ると、検索結果上のクリック数とクリック率の測定によって、リンク先のサイトのトラフィックを推測し、そのランク付けに役立てていることがわかります。

●Googleの特許情報の原文

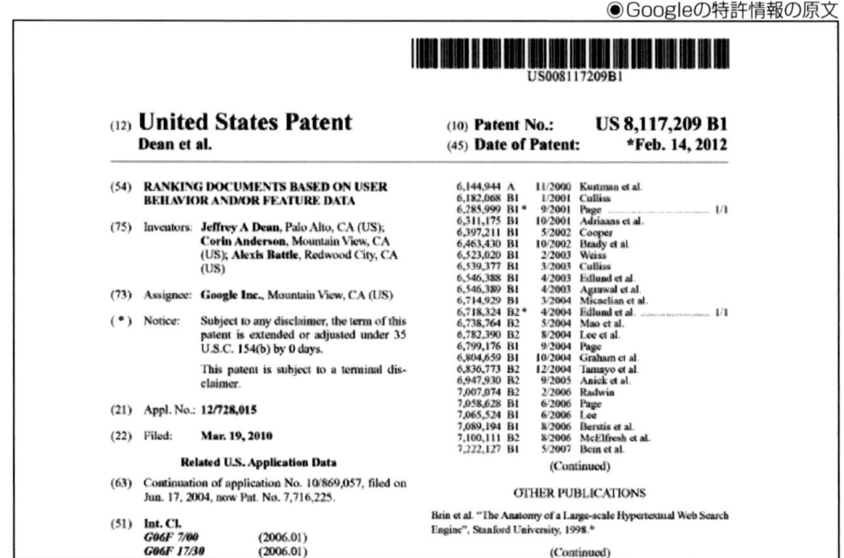

US008117209B1

(12) **United States Patent**
Dean et al.

(10) **Patent No.: US 8,117,209 B1**
(45) **Date of Patent: *Feb. 14, 2012**

(54) **RANKING DOCUMENTS BASED ON USER BEHAVIOR AND/OR FEATURE DATA**

(75) Inventors: **Jeffrey A Dean**, Palo Alto, CA (US); **Corin Anderson**, Mountain View, CA (US); **Alexis Battle**, Redwood City, CA (US)

(73) Assignee: **Google Inc.**, Mountain View, CA (US)

(*) Notice: Subject to any disclaimer, the term of this patent is extended or adjusted under 35 U.S.C. 154(b) by 0 days.

This patent is subject to a terminal disclaimer.

(21) Appl. No.: **12/728,015**

(22) Filed: **Mar. 19, 2010**

Related U.S. Application Data

(63) Continuation of application No. 10/869,057, filed on Jun. 17, 2004, now Pat. No. 7,716,225.

(51) **Int. Cl.**
G06F 7/00 (2006.01)
G06F 17/30 (2006.01)

6,144,944	A	11/2000	Kurtman et al.	
6,182,068	B1	1/2001	Culliss	
6,285,999	B1 *	9/2001	Page	1/1
6,311,175	B1	10/2001	Adriaans et al.	
6,397,211	B1	5/2002	Cooper	
6,463,430	B1	10/2002	Brady et al.	
6,523,020	B1	2/2003	Weiss	
6,539,377	B1	3/2003	Culliss	
6,546,388	B1	4/2003	Edlund et al.	
6,546,389	B1	4/2003	Agrawal et al.	
6,714,929	B1	3/2004	Micaelian et al.	
6,718,324	B2 *	4/2004	Edlund et al.	1/1
6,738,764	B2	5/2004	Mao et al.	
6,782,390	B2	8/2004	Lee et al.	
6,799,176	B1	9/2004	Page	
6,804,659	B1	10/2004	Graham et al.	
6,836,773	B2	12/2004	Tamayo et al.	
6,947,930	B2	9/2005	Anick et al.	
7,007,074	B2	2/2006	Radwin	
7,058,628	B1	6/2006	Page	
7,065,524	B1	6/2006	Lee	
7,089,194	B1	8/2006	Berstis et al.	
7,100,111	B2	8/2006	McElfresh et al.	
7,222,127	B1	5/2007	Bem et al.	

(Continued)

OTHER PUBLICATIONS

Brin et al. "The Anatomy of a Large-scale Hypertextual Web Search Engine", Stanford University, 1998.*

(Continued)

上記の内容は次の通りです。

- 出願日：2004年6月17日
- 発行日：2010年5月11日
- 発明者：Jeffrey A. Dean, Corin Anderson, Alexis Battle
- 特許の内容：Ranking documents based on user behavior and/or feature data（ユーザー操作情報および特性情報に基づくサイト（文書）の順位付け）
- 特許番号：7716225

2-2 ◆ Googleのサービスにログインをしているユーザー

Googleは検索エンジンの他にも、無料メールサービスのGmail、オフィススイートのGoogleドキュメント、マップ、フォト、Googleアナリティクス、Search Console、YouTube、広告管理画面などのサービスを使っているユーザーの行動を観測対象にしています。

◉Googleが提供する幅広いサービス群

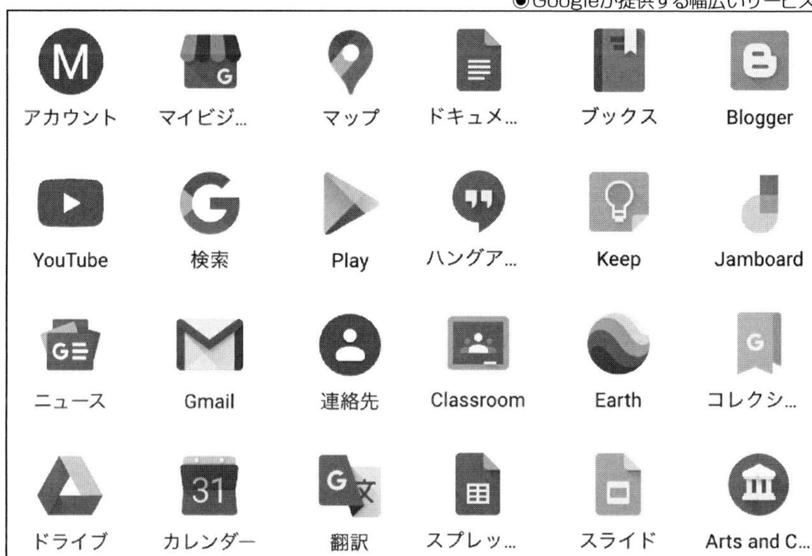

その他、PCやスマートフォンなどのデバイスにインストールするChromeブラウザもログインした状態でGoogle検索を利用すると、より多くの情報がGoogleに送信され、その品質改善のために利用されることになります。

このことはGoogle公式サイトのプライバシーポリシーで公表されています。詳しくは下記のURLを参照してください。

URL http://www.google.co.jp/policies/privacy/archive/20090311/

2-3 ◆ Googleを利用するあらゆるユーザー

Googleが観測しているのはGoogleのサービスにログインしているユーザーだけではありません。Google検索を一度でも利用したユーザーをも観測しています。

このことはGoogle公式サイトのプライバシーポリシーで公表されています。詳しくは下記のURLを参照してください。

URL http://www.google.co.jp/policies/privacy/archive/20090311/

パソコンやスマートフォンなどのセキュリティ設定を強めに設定しない限り、こうした情報はGoogleによってその品質改善のためのデータとして利用されています。

 検索結果上位表示集団の特徴

3-1 ◆ 検索結果1ページ目にある「見えない垣根」

これまで見てきたように、Googleはトラフィックが多い人気サイトを上位表示させるように検索順位算定方式を変更するようになりました。

しかし、同じようなサイトが検索結果1ページ目を独占しないように、GoogleはQDD(Query Deserves Diversity)というアルゴリズムを持っているのではないかと米国のSEOの専門家達の間でいわれています。

このQDDによって同種のサイトばかりが検索結果1ページ目を独占することを防ぎ、多様なサイトが2〜3サイトくらいずつ表示されるようになっていると思われます。

たとえば、「プリウス」というキーワードで検索すると、検索結果1ページ目には、次のようにポータルサイトが4件表示されているものの、情報提供サイトや比較サイト、メーカーサイトなど、偏りなく多種多様なサイトが表示されています。

順位	サイトの種類	サイト名など
1位	メーカーサイト	トヨタ プリウス	トヨタ自動車WEB サイト
2位	メーカーサイト	トヨタ プリウス	価格・グレード	トヨタ自動車WEB サイト
3位	画像が複数表示	プリウスの画像検索結果
4位	ニュースが複数表示	ニューストピック
5位	ポータルサイト	プリウス(トヨタ)の中古車	中古車なら【カーセンサー net】
6位	情報提供サイト	トヨタ・プリウス - Wikipedia
7位	比較サイト	価格.com - トヨタ プリウスの自動車カタログ・価格比較
8位	ポータルサイト	オートックワン [試乗記] 新型プリウスは、VW ゴルフやメルセデス・ベンツ C ...
9位	ポータルサイト	オートックワン 新型プリウスで最も買い得なグレードは? 3 月決算フェアで安く
10位	ポータルサイト	プリウス(トヨタ)の中古車情報・見積り(1〜30件)	Goo-net 中古 ...

こうすることで、プリウスのメーカーのサイトが見たいと思うユーザーだけではなく、他の車種と比較したいユーザーや最新のニュースを知りたいというような多様な検索ニーズに応えるようになっています。

検索結果1ページ目にはこのように目に見えない垣根のようなものがあり、同じ種類のサイトは3、4件までしか表示されなくなっています。

このことは、検索結果1ページ目に自社サイトを表示することを困難にしています。なぜなら、自社がポータルサイトを運営していた場合、競合のポータルサイトが検索結果1ページ目に3社、4社表示されていたら、5社目のサイトは表示されることはほとんどないからです。

この「見えない垣根」の存在があるために、自分の業界においてサイトの人気度がトップ3以内に入るように日ごろからユーザーが求めるコンテンツを予測し、それをタイムリーに提供する努力が求められます。

検索結果1ページ目に表示されるサイトの種類は、通常、次のようなものがあります。

- 無料情報提供サイト
- ポータルサイト
- 比較・ランキングサイト
- ショッピングモール
- 政府系サイト
- 協会・団体系サイト
- メーカーサイト
- マスメディアサイト
- ニュースサイト
- 質問サイト
- 大学・研究機関
- チェーン店
- コングロマリット

3-2 ◆ 無料情報提供サイト

無料情報提供サイトというのは無料で情報を提供するサイトのことで次のようなものがあります。

①リファレンスサイト

Wikipediaのような百科事典サイトや専門用語辞典サイト、英語辞書サイトなどがあります。これらのサイトは、何らかの新しい言葉や専門用語を知りたいネットユーザーが紙の百科事典や辞書を使うのではなく、気軽にGoogleやYahoo! JAPANなどで検索するようになったため、膨大なトラフィックを獲得するようになっています。特にWikipediaはほとんどのキーワードで検索すると、検索結果1ページか2ページ目には表示される人気サイトです。

②まとめサイト

まとめサイトは、まとめ人と呼ばれる管理人が広告収入を得るために特定の情報を載せているリンク集のようなサイトです。非常に多くのまとめ人が自分が決めたテーマの情報を日々、ネット上で収集する努力をしており、見つけるとすぐにまとめサイトにその情報を投稿します。このおかげで、たくさんの検索ユーザーがGoogleなどの検索エンジンで自分が情報を収集しなくても、まとめサイトを見るだけで短時間に自分が知りたい情報を得ることができるようになりました。

まとめサイトにはこうしたネットユーザーと広告収入を増やすために自分が管理するまとめサイトを更新しようとするまとめ人達の膨大なトラフィックが集まるようになり、さまざまな検索キーワードで上位表示するようになりました。

③ブログ

ブログは個人でも気軽に情報発信することができるツールです。その利便性ゆえに一般の個人はもとより、有名人や各業界で権威のある人物が日々、情報発信をしています。中には書籍や雑誌などの情報を超える質が高い情報を発信しているものもあり、たくさんのトラフィックを獲得しているものがあります。

3-3 ◆ ポータルサイト

ポータルサイトというのは、特定の分野に関するさまざまな情報があり、検索できるサイトのことをいいます。もともとポータルとは、港(port)から派生した言葉で、門や入口を表し、特に豪華な堂々とした門に使われた言葉です。このことから、Webにアクセスするために、さまざまなコンテンツを有する、巨大なサイトをポータルサイトというようになりました。

ポータルサイトには膨大なアクセスが集まり、トラフィックが多いサイトがあります。なぜ、そうなるのかというと、次のような理由があるからです。

(1)サイト運営者の他、そのサイトに情報を提供するコンテンツプロバイダーのアクセスが集まる
(2)口コミ情報を投稿するアクティブユーザーのアクセスが集まる
(3)掲載された情報を見るだけのエンドユーザーのアクセスが集まる
(4)たくさんの企業の情報が掲載されているので企業名で検索したときに上位表示されるため企業名で検索したユーザーのアクセスが集まりやすい

ポータルサイトは、こうしたさまざまな目的を持つユーザーのトラフィックを集める仕組みを持っています。ポータルサイトの中には膨大なトラフィックを獲得するものが増えており、年々、検索結果ページの上位に複数、表示されるようになってきています。

ポータルサイトは厳密に分類すると、次の3つのタイプがあります。

①業種別ポータルサイト

ブライダル情報のゼクシィ、グルメ情報の食べログやぐるなび、法律情報の弁護士ドットコム、自動車情報のカーセンサーなど、特定の業種のさまざまな情報が集まり、ユーザーが探す情報がキーワード検索やカテゴリ検索によってスピーディーに見つかるサイトです。

Web全体から探している情報が検索できるGoogleは「水平検索」と呼ばれますが、こうしたポータルサイトは特定の業種の情報を深掘りしてそこから検索できるという意味で「垂直検索」と呼ばれます。

②地域ポータルサイト

特定の地域の情報が垂直に検索できるポータルサイトのことを地域ポータルサイトと呼びます。その多くがその地域に拠点を置く企業や団体、地方自治体などが運営しており、東京に本社を置く大企業では収集することができない地域密着の情報を提供しています。それにより、その地域の情報を探している他の地域に在住する人達や地元のユーザー達のトラフィックを集めるようになってきています。

③求人ポータルサイト

近年、Googleの検索結果1ページ目を占めるようになってきているものが求人ポータルサイトです。

たとえば、「事務職　求人」で検索したときや「事務職　求人　神奈川」で検索したときはともに検索結果1ページ目の10サイト中、10サイトすべてがリクナビ、マイナビ、indeedなどの求人ポータルサイトになってきています。

これは本来のQDD（Query Deserves Diversity）という多様性のある検索結果を提供しようとするGoogleの趣旨に反する状態ですが、なぜ、こうした偏りがあるのかについて、考えられる理由はトラフィックの多さです。

個々の企業の求人情報の量は非常に限られており、かつ定員に達するとその情報はサイトから消されることがあります。そうしたサイトは常時膨大な数の求人情報が掲載されている求人ポータルサイトと比べると圧倒的に情報量が不足しており、それがそのまま上位表示に不利に働くのです。

ユーザーの絶対的幸福を追求するGoogleとしては検索結果に表示される偏りをなくすよりもユーザーにとって利便性の高いサイトを見せたいという方針のほうを優先しているのが理由だと考えられます。

3-4 ◆ 比較・ランキングサイト

近年、検索結果上位に表示される傾向が高くなったサイトに比較・ランキングサイトというトラフィックが多いサイトがあります。

①比較サイト

比較サイトには価格コムのようなありとあらゆるジャンルの商品の価格を比較するサイトから、ノートパソコンのような特定の商品の比較を実際に商品を使用したユーザーが詳しく比較して論評するものまであります。メーカーが売り手視点で売り込む情報ではなく、消費者視点でユーザーが発信する情報が支持されて多くのトラフィックを獲得しています。

②ランキングサイト

ランキングサイトは部門別に商品をランク付けするもので、どの商品、サービスを購入しようか迷っている消費者の購買決定の手がかりになるものです。

信頼できるサイトは一般ユーザーの口コミや投票によってランキングが決定されています。一方、サイト運営者が恣意的に広告料金の支払いが多い商品・サービスを上位にランクインさせる信頼性に欠けるものまで、さまざまな種類があります。

3-5 ◆ ショッピングモール

ショッピングモール市場には多くの企業が進出しましたが、生き残ったものは少なく、外国資本と国内資本それぞれわずかな企業が市場のほとんどを専有するようになりました。

①外国資本

Amazonが世界最大のショッピングモールであり、全世界での売上15兆3959億円、有料サービス「プライム」の会員数は1億5000万人以上にまで成長しています(2020年2月、日本ネット経済新聞より)。国内でも月売上1兆7442億円にまで成長しています(米Amazonが2019年1月30日に公表した「年次報告書」より)。

その膨大なトラフィックを獲得するために次のような仕組みを持っています。

(1)サイトにログインすることにより過去の購入履歴が閲覧できる

(2)サイトにログインすることにより商品のキャンセル、配送状況の確認ができる

(3)プライム会員という有料会員になることで、映画やドラマなどの映像コンテンツが見放題になり、音楽も聴き放題になる。その他、無料のクラウドサービスなどがあり、長時間サイトにログインするユーザーが増えている

(4)Amazonマーケットプレイスには個人でも法人でも出店することができるので、出店者は頻繁にサイトにログインして商品の出品作業や在庫管理作業をする

(5)AWS(Amazon Web Services)というクラウドサービスがあり、サイト運営者や技術者達が頻繁にAmazonのサイトを使う

(6)商品を紹介して報酬を得ようとするアフィリエイター達が宣材を取得したり、報酬の支払状況などを確認するためにサイトにログインをする

②国内資本

国内資本のショッピングモールで生き残ったのは楽天市場とYahoo!ショッピングの2つです。

楽天市場は4804万人の月間訪問者数(2019年4月ニールセン調べ)を誇り、国内EC流通総額は約3.4兆円(楽天2018年度IR資料より)あります。ショッピングモールの楽天市場を軸に宿泊予約、金融サービスなど、オンラインのコングロマリット企業(複合企業)に成長してきています。

それを可能にしたのが楽天のポイントシステムです。楽天の各種サービスを使えば使うほどポイントが貯まり、かつそのポイントを参加サイト、参加企業で使うことができる利便性が支持されています。

Yahoo!ショッピングは、2012年に出店料金の無料化を実施して以来、大きく成長するようになりました。店舗数は87万2889に増加しました。アスクルを傘下に収め、LOHACOなどの共同事業などを含めたeコマース取扱高は2019年度に2.3兆円を超えました(ヤフー株式会社の決算説明会資料)。

Yahoo!ショッピングのトラフィックの増加の原動力はポータルサイトであるYahoo! JAPANからのリンクです。ポータルサイトには国内トップクラスのニュースサイト、オークション、検索サイトなどが多数あり、それらのサイトからの流入がトラフィックを増やすようになっています。

3-6 ◆ 政府系サイト

法律に関するキーワードや助成金、補助金に関するキーワードで検索すると、政府系のサイトが検索結果1ページ目の半数近くを占めることがあります。

政府系のサイトには、次の2つがあります。

(1)中央政府省庁

(2)地方自治体

政府のサイトは大手企業や人気サイトからリンクされるだけではなく、中小企業や個人のサイトからもリンクされる傾向があるのでトラフィックが増えるだけではなく、被リンク効果により検索順位が上がる傾向が高くなっています。

3-7 ◆ 協会・団体系サイト

さまざまなキーワードで上位表示しやすいのが協会、団体系のサイトです。これらは大きく分けると次の3つがあります。

(1)業界団体
(2)地域団体
(3)学会・研究会

これらのサイトにトラフィックが増える理由は、次のようになります。

(1)参加者が入会するためにサイトを訪問する
(2)会員に提供されるサービスを受けるために会員が訪問する
(3)会員が誰かを調べようとするユーザーが訪問する
(4)会員の名前で検索すると会員紹介ページが上位表示するので訪問者数が増えやすい
(5)会員や会員にサービスを提供したい企業がコンテンツを提供するためにサイトにログインする
(6)会員同士が交流するためにサイトにログインをして情報交換をする

3-8 ◆ メーカーサイト

製品を企画、製造するメーカーのサイトはさまざまなサイトからリンクされるだけではなく、販売店が「メーカーサイトを見る」という形で参照先としてのリンクを張る傾向があり多くのトラフィックを集める傾向にあります。

3-9 ◆ マスメディアサイト

マスメディアサイトは次のように旧来からのメディアが運営しているものです。

(1)新聞社
(2)雑誌社
(3)放送局

一般人が好む次のようなコンテンツがあります。

(1)スポーツ選手やチームの情報
(2)芸能人のニュースや画像
(3)人気テレビ番組や映画のテキスト情報、画像、動画
(4)その他通常高額な著作権使用料がかかるコンテンツ

これらのコンテンツは需要が高いため、多くのサイトやブログ、ソーシャルメディアなどからリンクが張られる傾向が高く、膨大なトラフィックを獲得するサイトが多数あります。

3-10 ◆ ニュースサイト

Yahoo!ニュースなどの大手ニュースキュレーションや新興企業が運営するニッチ情報のニュースサイトなどは絶え間ない情報更新とソーシャルメディアを活用することで、膨大なトラフィックを獲得するようになってきています。

3-11 ◆ 質問サイト

Yahoo!知恵袋や教えて! gooなど、誰でも質問を投稿することができ、善意の第三者が無償で回答する質問サイトは人気が高く、多くのトラフィックを獲得するようになっています。

質問サイトにはありとあらゆるジャンルの質問文とその回答文が掲載されているページが日々、増えており、適切な回答をし続けるユーザーには特別なステータスが与えれ、モチベーションを高められたユーザーがさらに多くの質問に無償で回答するという仕組みが構築されています。

3-12 ◆ 大学・研究機関

大学や大学院、研究所などのサイトは、お互いに情報やデータの参照先としてリンクを張り合う傾向が高く、膨大なトラフィックをお互いに送り込んでいます。

それだけではなく、企業や個人のサイトから情報の信頼性を高めるためのエビデンス（証拠、根拠）としてリンクが張られており、多くのトラフィックを獲得しています。

3-13 ◆ チェーン店

近年の目立った傾向としては、1箇所でビジネスを営んでいるローカルな企業よりも、チェーン店として複数の地域でビジネスを営んでいる企業のサイトのトラフィックが増えてきています。

チェーン店のトラフィックが増える要因としては、次のようなものがあります。

(1)スタッフの求人活動が活発でいくつもの有力な求人ポータルに求人広告を出しており、そこから自社サイトにリンクが張られている
(2)個店の情報をブログやソーシャルメディアで活発に発信している
(3)個店の情報が業種別ポータルサイトに掲載されていて、そこから自社サイトにリンクが張られている
(4)各地の経済団体や組合などに加入していて、それらのサイトからリンクを張ってもらっている
(5)知名度が高いのでさまざまな個人や企業のサイトからリンクを張ってもらいやすい
(6)売上規模が大きく上場しているチェーン店は株式関連のサイトやニュースサイトからリンクを張ってもらうことが多い
(7)各地の取引先と取引があるので取引先からリンクを張ってもらいやすい
(8)各地の店舗、あるいはチェーン全体で大規模な広告を出す資金的な余力があるため、広告の出稿先からリンクを張ってもらうことが多い

(9)各地の店舗、あるいはチェーン全体のニュースをメディアに取り上げてもらいやすい

3-14◆コングロマリット

コングロマリットとは複合企業のことで、多種多様な事業を営んでいる大規模な企業です。それぞれの事業体のサイト同士がリンクを張り合うことにより膨大なトラフィックの交換がされています。

また、広告予算、PR予算、求人予算があるため各種メディアに取り上げられることが多く、さらにトラフィックを増やす善循環が生み出される傾向があります。

4 トラフィック獲得の施策

これまで検索結果1ページ目に表示されやすいサイトが、なぜ、たくさんのトラフィックを集めることができるのかを分析してきました。これらの共通点は、トラフィック獲得の施策としてそのまま自社サイトに取り入れることが可能です。

4-1◆トラフィックを増やすための9のステップ

トラフィックを増やすことを確実にするためには次の9つのステップを踏むことが効果的です。

- ステップ1　想定する訪問者を見込み客だけではなく幅広い層に拡大する
- ステップ2　その幅広い層のユーザーがどのようなコンテンツ・サービスを求めているかを予測する
- ステップ3　その予測に基づいてコンテンツ・サービスを企画する
- ステップ4　その企画に基づいてコンテンツ制作・サービス開発をする
- ステップ5　制作したコンテンツをサイトに掲載する(開発したサービスをリリースする)

- ステップ6　掲載したコンテンツをユーザーに見てもらう（開発したサービスを使ってもらう）ための告知をする
- ステップ7　どのくらいのユーザーがどのコンテンツを見たか（サービスを使ったか）を計測する
- ステップ8　計測したデータに基づいて予測の精度を高める
- ステップ9　ステップ1～ステップ8を繰り返す

これらのステップを1つひとつ見てみましょう。

①ステップ1　想定する訪問者を見込み客だけではなく幅広い層に拡大する

これは本書の第1章で解説したように、自社サイトを訪問するターゲット層を見込み客だけにすると母数が小さくなるので、母数を最大化するためにさまざまなターゲット層を想定するという態度を持つことがトラフィックの最大化に貢献します。

◉サイト訪問者の種類

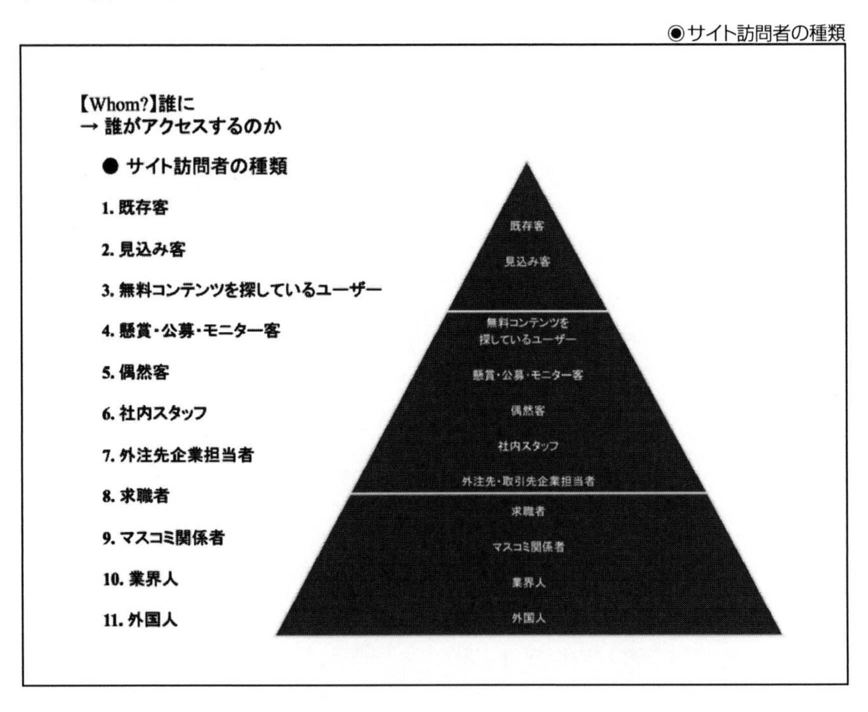

②ステップ2　その幅広い層のユーザーがどのようなコンテンツ・サービスを求めているかを予測する

これも第1章で詳しく述べたように、それぞれのターゲット層がどのようなコンテンツ・サービスを必要としているかを予測することがトラフィックの最大化につながります。

③ステップ3　その予測に基づいてコンテンツ・サービスを企画する

各ターゲット層に向けて具体的に「どのようなコンテンツ・サービスを」「誰が」「どのようにして」作るのかを決定します。

④ステップ4　その企画に基づいてコンテンツ制作・サービス開発をする

社内の人材が制作・開発すべきコンテンツ・サービスは社内で、外部にアウトソーシングしたほうが良い場合は社外の人材が制作します。

⑤ステップ5　制作したコンテンツをサイトに掲載する（開発したサービスをリリースする）

サイトにコンテンツがスピーディーに掲載できるようにCMS（Content Management System）や独自システムを使うとよいでしょう。

⑥ステップ6　掲載したコンテンツをユーザーに見てもらう（開発したサービスを使ってもらう）ための告知をする

ソーシャルメディアやプレスリリース代行会社などを活用して社会に存在を認知してもらう働きかけが必要です。

⑦ステップ7　どのくらいのユーザーがどのコンテンツを見たか（サービスを使ったか）を計測する

これは本書の第5章で詳しく述べるアクセス解析ログツールを活用するものです。コンテンツ、サービスのどの部分がユーザーに受け入れられて、どの部分が改善余地があるかをデータを見ることにより発見します。

⑧ステップ8　計測したデータに基づいて予測の精度を高める

データを見て気が付いたことを次の改善に役立てます。

⑨ステップ9　ステップ1～ステップ8を繰り返す

これらのステップを次のことを決めて繰り返します。

（1）誰が【適材適所の担当者の決定】
（2）いつまでに【年間計画と制作・発表の期限の決定】
（3）どのように【企画方法・開発方法】
（4）いくらの費用をかけて【費用の最小化と予算管理】

そのことによってトラフィックを増やす取り組みを推進することが可能になります。

これらのステップを踏む以外に企業が取ることのできる自社サイトのトラフィックを増やす手段としては、4-2～4-6のようなものがあります。

4-2 ◆ 系列サイトの活用によるトラフィック獲得方法

系列サイトを活用することによるトラフィックの獲得方法には、次のようなものがあります。

①外部ブログ

外部ブログは本書の第1章で解説してきたように、自社サイトにリンクを張って見込み客を送客するのに有効なツールです。

自社サイトにリンクを張って見込み客を送客するには、外部ブログ自体にアクセスを集めなくてはなりません。

外部ブログにトラフィックを発生させるには次のようなテーマの記事を書くことが効果的です。

- 職場での出来事
- 新聞記事、雑誌記事、本の感想
- TV番組、映画、YouTube動画の感想
- グルメの感想
- 旅行の感想
- 週末にしたこと、家族とのエピソード
- 取引先の紹介
- 同業者の紹介
- 他社商品・サービスの感想（ポジティブな感想）

外部ブログはアメブロやライブドアブログなどで書くか、独自ドメインを取得してWordPressなどのブログシステムで運営します。外部ブログのアクセスが増えてそこから自社サイトにリンクを張り、誘導できさえすればいいので何でも書くことが許されます。ただし、薬事法などの法律に触れることは他社ドメインで書いても責任が生じるので避けなくてはなりません。

②オウンドメディア

本書の第1章で述べたように、オウンドメディアは「自社メディア」のことであり、自社サイト、自社ブログ、メールマガジンなど、企業が直接、所有して自由に情報発信できる媒体です。

しかし、オウンドメディアにはもう1つの意味があります。それは自社の見込み客が探している情報を予測して、そのことに関するニュースやコラムをコンテンツとして提供する自社保有のサイトです。

次の図は企業経営者を対象にサービスを販売する企業が、見込み客を集客するために運営しているニュースサイトです。

◉企業経営者を集客するために運営しているオウンドメディアの例

このニュースサイトには毎日4本以上の新しいニュースやコラムが追加されており、追加されるたびにFacebookページなどのソーシャルメディアで新着記事が紹介され、リンクをたどったユーザーがサイトを訪問するようになっています。

現在、国内外で企業がこうした見込み客に役立つ情報を無料で提供することだけに特化したサイトをオウンドメディアと呼び運営する事例が増えています。

このトラフィック獲得策のメリットは、自社商品の売り込みを一切せずに見込み客を集めることができることです。そして、広告やスポンサーという形で営業情報だけの自社公式サイトにリンクを張り、集めた見込み客を誘導するユーザー導線を構築することができます。

デメリットは、オウンドメディアサイトに新しいコンテンツを追加する費用、つまりコンテンツ制作費と管理費が継続的にかかることです。

しかし、SEOをすることと、ソーシャルメディアを活用することにより低コストでオウンドメディア自体のトラフィックを獲得することが可能です。

特に、ニュースサイトとソーシャルメディアの相性は良く、FacebookやTwitterのユーザーの多くがニュースサイトのフォローをする傾向が高いので、ソーシャルメディアを使って情報収集をしようとする見込み客を集客しやすい環境があります。

このため、ニュースやコラムを主体とするオウンドメディア運営の本質的メリットは、ソーシャルメディアユーザーを自社サイトに集客しやすくなることです。

③複数のサイトを1つのドメインに統合する

ほとんど労力をかけずに自社サイトのトラフィックを増やす方法として、別ドメインで運営していたサイトをトラフィックを増やしたいサイトのドメインに引っ越すという方法があります。

たとえば、自社公式サイトの訪問者数が月間1万人で、他のドメインで運営している専門サイトが月間5000人の場合、専門サイトのすべてのコンテンツを公式サイトに移動すれば合計1万5000人の訪問者数になります。

複数のドメイン名を使って複数のサイトを運営している場合、訪問者数が分散してしまいますが、1箇所に集約することでGoogleによるドメインの評価が高まり、そのドメインで開かれているすべてのサイトの評価も高まります。そのため、1箇所に集約する前と比べて個々のページの検索順位が上がりやすくなるということが観測されています。

ことさら別ドメインでサイトを開く必要がない場合は、このように複数のサイトを1つのドメインに集約するとドメイン全体のトラフィックが増えることになり、検索順位アップに貢献することがあるので検討の価値があります。

●複数のドメインで複数のサイトを開いている例

```
http://www.suzuki-sports.com(1000人)
http://www.baseball-goods.com(300人)
http://www.volleyball-goods.com(150人)
http://www.ski-goods.com(500人)
http://www.snowboard-goods.com(600人)
```

◉ 1つのドメインで複数のサイトを開いている例

```
http://www.suzuki-sports.com/baseball/
http://www.suzuki-sports.com/volleyball/
http://www.suzuki-sports.com/ski/
http://www.suzuki-sports.com/snowboard/(2550人)
```


4-3 ◆ 広告によるトラフィック獲得方法

トラフィックが大量に発生しているサイトに広告料金を払ってリンクを張ってもらえばトラフィックが発生するようになります。金銭を払うことによってリンクを張ってもらっても被リンク効果は期待できませんが、トラフィック効果は期待できます。

①リスティング広告

リスティング広告とは、検索結果と連動して表示される広告のことです。リスティング広告はネット広告の中でも効果が高い広告です。その理由は、検索エンジンユーザーが明確に特定のキーワードで情報を検索してそのキーワードに該当する情報が検索結果の目立つ部分に表示され、その表示形態は「広告」というマークが付いているものの極めて自然検索の情報と似通っているからです。

SEOを学ぶ人が一度は疑問に思うのが「GoogleやYahoo! JAPANのリスティング広告を買うと自然検索の順位も上がるのか?」というものです。

リスティング広告を購入している企業としていない企業の自然検索の順位を比較するとほとんどの場合、リスティング広告を購入している企業のほうが自然検索の順位も高い傾向があります。

また、これまでリスティング広告を長期間購入していた企業が全面的にリスティング広告を購入しなくなると、その直後ではなくても数カ月後、半年後くらいには徐々に自然検索の順位が落ちていく傾向にあるということも多く観測されています。

リスティング広告を購入して訪問者を獲得しているサイトの自然検索の順位が高い傾向にある理由は、広告を購入しているから特別に自然検索の順位が上がるように優遇されるという直接的なものではありません。広告を購入することによってトラフィックが増えるため、トラフィックも検索順位決定要因の1つとして評価するGoogleの自然検索の順位が高まるという間接的なものです。

②ディスプレイ広告

ディスプレイ広告とは、Web広告としては初期から存在する広告フォーマットの1つで、サイトやアプリ上の広告枠に表示されるテキスト形式やバナー形式の広告のことです。

ディスプレイ広告も、リスティング広告と同様、サイトのトラフィックを増やす手段ですが、リスティング広告のように検索結果ページに表示されるのではなく、検索結果ページからリンクされているランディングページに表示される広告なので、ユーザーは広告よりもそのページにあるメインコンテンツのほうを注目することからリスティング広告ほどの効果は通常ありません。

③アフィリエイト広告

リスティング広告やディスプレイ広告は広告の表示またはクリックに対して課金するシステムですが、広告の成果に対して課金するものとしてアフィリエイト広告があります。

アフィリエイト広告では、資料請求や問い合わせ1件に対していくら、あるいは成約したらその何パーセントを支払うという費用体系があります。

メリットとしては広告による成果が上がらない場合はほとんど費用を払う必要がありません。しかし、ASP(アフィリエイト・サービス・プロバイダー)という中間業者が通常アフィリエイト広告スペースを提供するアフィリエイターのリクルート(採用活動)と支払いの代行、そして広告表示・管理システムを提供するため成果報酬広告という形を取るものの一定の月額利用料金をASPに支払う必要があります。

④新聞・雑誌広告

ネット以外にも、旧来の媒体である新聞や雑誌の広告に自社サイトのURLや、「○○○で検索!」というようにあらかじめ自社サイトが上位表示するキーワードでの検索を促すメッセージを掲載することで自社サイトのトラフィック獲得が可能です。特に読者の属性を絞り込んだ専門誌などは見込み客獲得にも貢献することがあります。

⑤テレビ・ラジオCM

全国ネット、対象市場に絞り込んだ放送局が放映・放送するCMで、自社サイトの検索を促すキーワードをCMの最後に告知することで、検索エンジンからのトラフィック獲得が可能です。

⑥屋外広告

建物の屋上や交通機関、電柱などに自社サイトの検索を促すキーワードやブランド名、URLを広告コンテンツと一緒に掲載することでトラフィック獲得を目指すことができます。

4-4 ◆ オフラインのトラフィック獲得方法

その他、次のようなネットを使わないオフラインで自社サイトを宣伝する媒体があります。

- チラシ・パンフレット
- カタログ
- 看板
- 張り紙
- POP
- 名刺
- その他の配布物
- 展示会
- セミナー
- イベント

紙のメディアに自社サイトの検索を促すキーワードやブランド名、URLを広告コンテンツと一緒に掲載することや、積極的に展示会やセミナーを主催することにより自社サイトの存在を知らしめてトラフィック獲得ができる事例も増えています。

4-5 ◆ 他社との連携によるトラフィック獲得方法

広告やネットのようなマーケティング活動の枠を超えたトラフィック獲得方法もあります。

①業務提携・企業連合

業務提携は企業と企業がお互いの業績を高めるために契約を結ぶもので、業務提携先としてそれぞれのサイトで紹介をし合ってリンクを張り合うことも増えてきています。

業務提携が企業の部分的な業務の協調なのに対して、企業連合は資本提携などを含めてより包括的に企業と企業が共通の目的のために提携するものです。

こうした提携をすることにより1社1社が別々に集客活動をするよりも相乗効果が生じてより効率的、効果的な集客と運営が可能になることがあります。

②共同サイト

共同サイトは、業務提携、企業連合ほど深い関係ではなく、共通の見込み客を集客するために共同でサイトを立ち上げる取り組みです。そして共同サイトから獲得した顧客に対してあらかじめ取り決めたルールにより作業を振り分け利益をシェアするものです。

近年、共同サイトとして増えている例としては、相続相談の依頼を獲得するために法律事務所と税理士事務所が共同で運営する相続相談サイトなどがあります。

③企業M&A

他の企業を買収することにより、買収された企業が保有するサイトのトラフィックを一気に自社のものにするという大胆なトラフィック獲得方法もあります。特に企業の吸収合併が盛んな欧米では企業M&Aによるトラフィック獲得が成功して業界地図を一変させるようなことも起きており、今後、日本においても増えることが予想されます。

④サイトM&A

企業を買収するのは多額の資本や入念な準備とノウハウが必要ですが、他社が運営しているサイト、特にいわゆるオウンドメディア（ニュースやコラムを発信するサイト）のような多くのトラフィックがあるサイトを買収する事例が国内でも増えてきています。サイト売買の斡旋会社が複雑なサイト価値の計算や契約上の手続きなどのサポートサービスを提供するようになってきています。

また、大規模なオウンドメディア以外にも、個人が副業やアフィリエイト広告収入目的で運営している比較的小規模なサイトやブログのM&AもSEOの普及に伴い散見されます。

4-6 ◆ 新しいトラフィック獲得方法

近年のモバイルユーザーの増加やインターネットを使うデバイスの多様化に伴い、次のような施策を実施することで自社サイトのトラフィックを獲得することもできる時代になりつつあります。

(1)PCサイトの全ページスマートフォン対応
(2)独自アプリの開発
(3)他社アプリへの情報掲載
(4)他社アプリへの広告出稿
(5)スマートTVのアプリ開発
(6)ソーシャルメディア対策

この中でも特にスマートフォンという極めて小さな画面上で自社サイトを見やすく表現するスマートフォン対応を怠れば、本来、獲得できるはずのスマートフォンユーザーがせっかく自社サイトを訪問しても文字が小さく、操作性が悪いPCサイトしか見れないことになり、サイトの離脱率を自ら上げてしまうことになります。こうしたことを防止するためにはスマートフォン対応をあらゆる面で推進する必要があります。

第4章

ソーシャルメディア対策

トラフィック要因を強化するための効果的な対策の1つはソーシャルメディアを活用することです。ソーシャルメディアを効果的に活用している企業の検索順位は年々、上昇傾向にあり、SEOの成功にソーシャルメディアが大きく貢献することが明らかになってきました。

そしてソーシャルメディアを活用することはソーシャルメディアが利用されることの多いスマートフォンを使うユーザーという新たなトラフィックを増やすことにもなり、今日のSEOとWebマーケティング全般において避けることができないほど重要性を増しています。

ソーシャルメディアの重要性

近年、上位表示に貢献する外部要素としてはソーシャルメディアという新しい要因が重要性を増してきました。ソーシャルメディアの要因はいいねボタンの数やそこからのリンク効果ではありません。ソーシャルメディアから自社サイトにリンクを張ることはできますが、リンクの効果はありません。

なぜ、ソーシャルメディアからのリンクをリンクとしてGoogleは評価しないのでしょうか。理由としては、気軽に誰もがソーシャルメディアを作ることができ、かつ自社サイトにリンクを張るのは非常に簡単なことなので、そうしたリンクを通常のリンクとして認めてしまうと不正リンクの温床となるからと考えられます。

そのため、ソーシャルメディアの要因はリンクそのものの数や質ではなく、そのリンクをクリックしてリンク先のWebページにユーザーが移動したかどうかを評価するものです。

Googleはソーシャルメディア上にあるリンクの数を直接的に知ることは技術的にはできませんが、リンクをクリックして発生したサイトのアクセス数をクッキー技術により間接的にある程度、知ることができます。このことはGoogle公式サイトにある「プライバシー ポリシー」に「Googleは、どのGoogleサービスから収集した情報も、そのサービスの提供、維持、保護および改善、新しいサービスの開発ならびに、Googleとユーザーの保護のために利用します。」と述べられていることからもわかります。

- プライバシー ポリシー

  URL https://www.google.co.jp/intl/ja/policies/privacy/

次の図は実際にGoogleのプライバシーポリシーのページに書かれているクッキー技術の利用に関する説明文です。

◉Google公式サイト内にあるクッキー技術の利用に関する説明

> ◦ **Cookie および同様の技術**
>
> お客様が Google サービスにアクセスされると、Google およびパートナーはさまざまな技術を使用して、情報を収集して保存します。その際、Cookie や同様の技術を使用してお客様のブラウザや端末を特定することもあります。広告サービスや他のサイトに表示される Google 機能のように、Google がパートナーに提供しているサービスの利用の際に、Google が Cookie や同様の技術を使用して情報を収集して保存することもあります。Google アナリティクスでは、企業やサイト所有者がウェブサイトやアプリへのトラフィックを分析することができます。DoubleClick の Cookie を使用するサービスなど、Google の広告サービスと連動して使用する場合、Google アナリティクス情報は Google アナリティクス ユーザーや Google により、Google の技術を使用して複数のサイトへの訪問数に関する情報とリンクされます。

リンクをクリックして発生したサイトのアクセス数をトラフィックと呼びます。トラフィックというのは交通量という意味でWebではアクセス数のことを意味します。ソーシャルメディアを活用して自社サイトにリンクを張り、自社サイトのトラフィックを増やすことによって、検索上位表示にプラスに働くようになります。

2 SEOに役立つソーシャルメディアの種類

2-1 ◆ Facebook

ソーシャルメディアの代表的なものとしてはFacebookがあります。Facebookには個人用と法人・団体用の2つの種類があります。

①個人用Facebook

これは個人が自分の日々の活動を、お友達登録してくれた他のユーザー達に情報を発信したり交流するために使用されるものです。

ビジネスとして使うこともできますが、通常、個人が個人的な目的のために使うアカウントです。ビジネスとして使うときでも個人名で登録して個人として情報を発信しないと規約違反になることがあります。

◉個人用Facebookの例

②Facebookページ

企業や団体として情報を発信するにはFacebookページを作る必要があります。世界の有名企業から街の小さなお店まで現在では無数のFacebookページが日々、情報を発信しています。その多くは自社サイトの更新状況と自社サイトへのリンクを張り自社サイトのアクセスを増やすためのものです。

Facebookページに投稿した情報はファンとして登録したユーザーに配信されるので、投稿とほぼ同時に自社サイトのアクセスが増える非常に便利なツールとしてSEOにおいても使われるようになりました。

◉企業が運営するFacebookページの例

次の図は筆者の管理しているサイトの流入元（アクセス元）のデータです。ご覧のようにFacebookページなどのソーシャルメディアからの流入が全体の18.64%にもなっています。その右横の自然検索（Organic Search）よりも多くなってきていることがわかります。

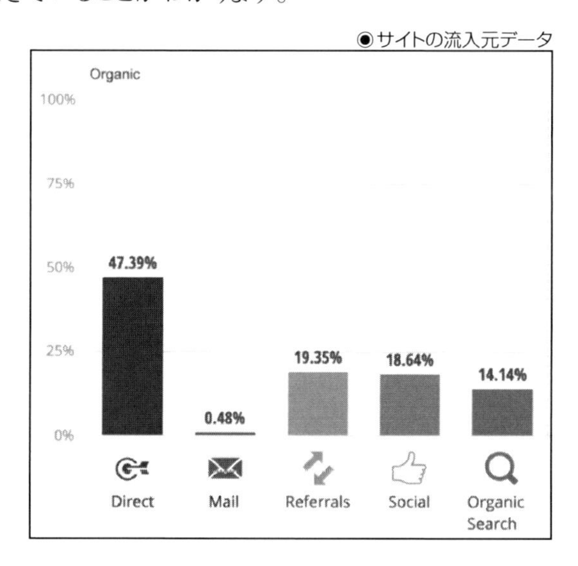

◉サイトの流入元データ

2-2 ◆ Twitter

Facebookの次に有効なソーシャルメディアとしてSEOの世界でも普及してきているのがTwitterです。Twitterは、「ツイート」と呼ばれる140文字以内の短文の投稿を共有するWeb上の情報サービスでミニブログとも呼ばれています。

自社サイトの更新状況とそのページへのリンクを投稿したり、商品の入荷状況などをこまめに投稿したりすることで、自社サイトのアクセスを増やすことができます。

次の図も筆者の管理しているサイトの流入元（アクセス元）のデータですがその中のソーシャルメディアからの流入の内訳です。

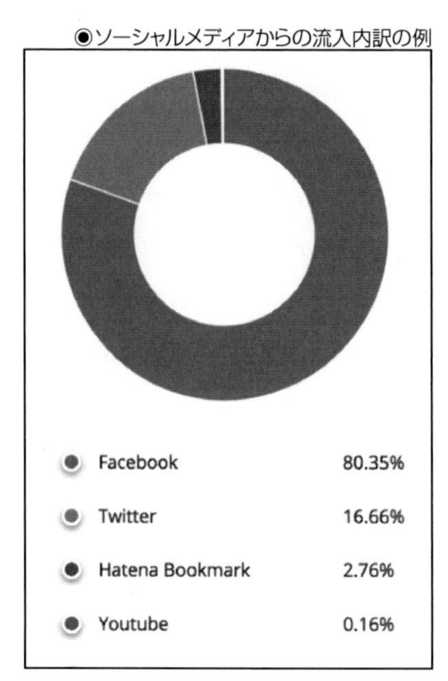

◉ソーシャルメディアからの流入内訳の例

◉Twitter投稿例

ご覧のようにTwitterからの流入がソーシャルメディア全体の16.66%もあります。その上のFacebookは80.35%で、その5分の1程度を占める重要な流入元になっていることがわかります。

アカウントはいくつも作ることができ、個人としても企業、団体としても自由に利用することができます。

2-3 ◆ Googleビジネスプロフィール

Googleが提供している企業・団体用のソーシャルメディアがGoogleビジネスプロフィール（旧称：Googleマイビジネス）です。Googleビジネスプロフィールを活用すると、Googleマップに表示されるだけでなく、Googleの検索結果ページに表示される地図の枠に表示されやすくなったり、そこでの順位アップにプラスに働くのが特徴です。

Facebook同様にサイトの更新情報や企業の活動報告などの記事を投稿し、そこから自社サイトにリンクを張ることで、自社サイトのトラフィックが増え、検索順位アップに貢献します。

●Google検索で表示される地図枠の例

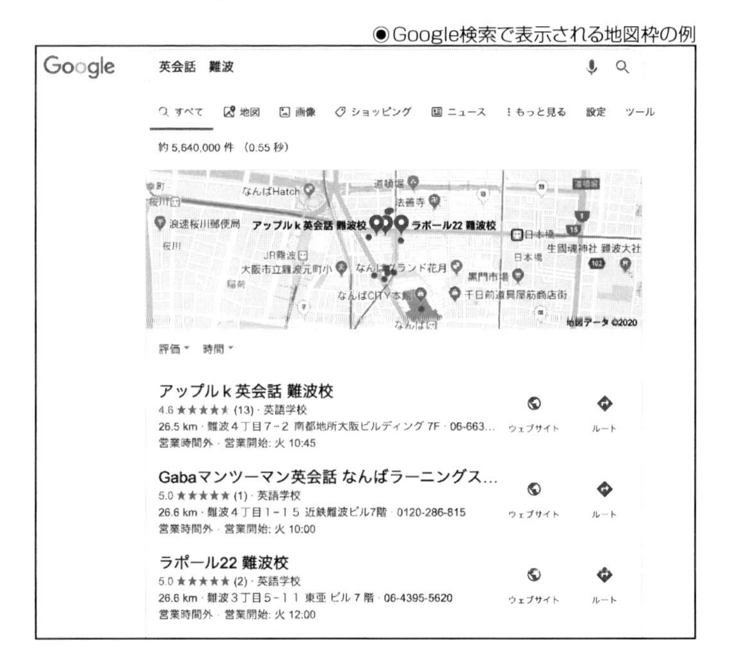

◉大阪市内にある英会話スクールのGoogleビジネスプロフィールの例

2-4 ◆ LINE公式アカウント

友達同士のコミュニケーションだけでなく、家庭や企業の連絡網としても使われるようになり、ユーザー数は国内で8900万人（2021年6月末時点のLINE公式資料発表）となっています。

Facebookの国内利用者数は2600万人（2019年7月時点のFacebook広告ツール発表）、Twitterは4500万人（2018年10月のTwitter発表）なので2位のTwitterの1.9倍以上の国内トップのソーシャルメディアなのがLINEです。

そのLINE内でFacebookのように自社専用ページを持てるサービスがLINE公式アカウントです。Facebookのようにお友達登録をしたユーザーに情報を配信することができるので、自社サイトの更新情報とそのリンク情報を発信して自社サイトのアクセスを増やすことが可能です。

毎月の情報配信数が1000通までなら無料で使え、それを超えても月額5000円程度からの利用料金なので手軽に始めることができます。

◉エステサロンのLINE公式アカウント

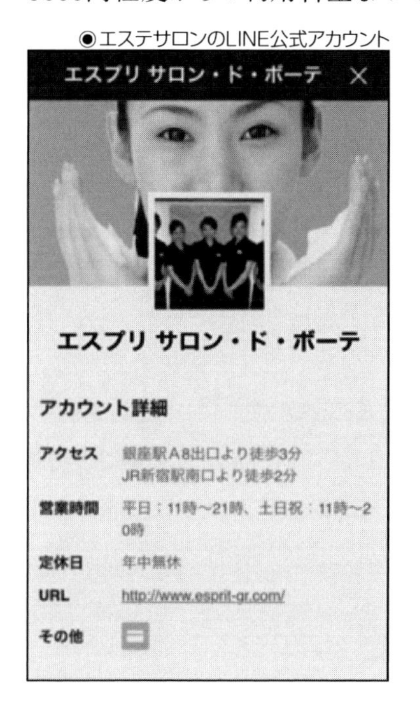

◉歯科医院のLINE公式アカウント

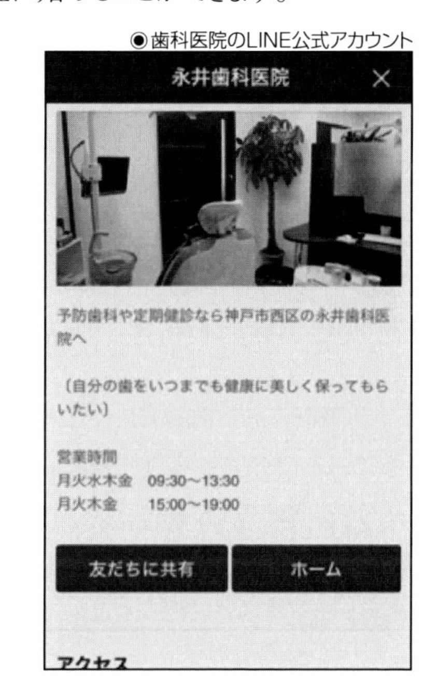

2-5 ◆ YouTube

YouTubeは動画を無料配信する動画メディアですが、レビューを書き込むことができたり情報を共有化できたりすることからソーシャルメディアの1つとして分類されます。

◉医療用ウィッグ販売会社のYouTube動画

動画をYouTubeのサイトにアップロードすることで、動画の中や、動画の下にある紹介文から自社サイトにリンクを張れるので有効な流入元として活用することができます。

◉自動車カスタマイズ情報販売会社のYouTube動画

2-6 ◆ ソーシャルブックマーク

ソーシャルブックマークとは、気に入ったサイトをブックマークに登録して個人的に使うだけではなく、他のユーザーと共有することもできるソーシャルメディアです。最も人気があるのが「はてなブックマーク」です。米国のメジャーなソーシャルメディアやLINEなどが主流のソーシャルメディアになっている今日でも、はてなブックマークで紹介されただけで爆発的にアクセスが伸びるということが起きています。理由はTwitterなど、他のソーシャルメディアと連動しているため情報の拡散力が高いからだと思われます。

◉はてなブックマーク

2-7 ◆ その他のソーシャルメディア

これらのソーシャルメディア以外にも国内のソーシャルメディアの草分けであるmixiや海外から次々に新しいタイプのものが国内に上陸するようになってきており、今後も自社サイトのアクセスアップとそれによる検索順位アップに役立つものが増えていくはずです。

①Instagram(インスタグラム)

スマートフォンで撮影した写真を加工して共有できる、画像共有サービスです。自分が撮影した画像を共有し、お気に入りのユーザーをフォローしたり、評価・コメントを付けたりすることができます。

②Pinterest(ピンタレスト)

ピンボード風の写真共有Webサイトです。ユーザーはイベントや興味のあることや趣味など、テーマ別の画像コレクションを作成し、管理することができます。また、他のユーザーが作成したピンボードを閲覧して自身のコレクションか「好み」の写真として画像を「リピン」することもできるソーシャルメディアです。

③LinkedIn(リンクトイン)

2003年5月にサービスを開始した、世界最大級のビジネス特化型ソーシャルメディアです。

2-8 ◆ ソーシャルメディアとSNSの違い

ソーシャルメディアとは、インターネット上で展開される情報メディアのあり方で、個人による情報発信や個人間のコミュニケーション、人の結び付きを利用した情報流通などといった社会的な要素を含んだメディアのことです。

ソーシャルメディアが登場する前はTVやラジオ、新聞、雑誌のようなマスメディアが発信する情報が主流でした。しかし、ソーシャルメディアが生まれたことにより人々は自由に情報を発信することが可能になりました。

ソーシャルメディアは利用者の発信した情報や利用者間のつながりによってコンテンツを作り出す要素を持ったWebサイトやネットサービスなどを総称する用語で、古くは電子掲示板(BBS)やブログから、最近ではWikiやSNS、ミニブログ、ソーシャルブックマーク、ポッドキャスティング、動画共有サイト、動画配信サービス、口コミサイト、ショッピングサイトの購入者評価欄などが含まれます。

一方、SNSとは「ソーシャル・ネットワーキング・サービス」の頭文字で、人と人との社会的なつながりを維持・促進するさまざまな機能を提供する、会員制のオンラインサービスのことです。友人・知人間のコミュニケーションを円滑にする手段や場を提供したり、趣味や嗜好、居住地域、出身校、あるいは「友人の友人」といった共通点やつながりを通じて新たな人間関係を構築する場を提供するサービスで、Webサイトや専用のスマートフォンアプリなどで閲覧・利用することができるものです。

Facebook、Twitter、Instagram、LINEなどは利用者同士のコミュニケーションが主軸となっているサービスであるため、SNSだといえます。そしてSNSはソーシャルメディアの一部であるといえます。

Webマーケティングやの世界では、Facebook、Twitter、Instagram、LINEなどのことをソーシャルメディアと呼んだり、SNSと呼ぶことがありますが、厳密にはそれらのサービスは利用者同士のコミュニケーションが主軸となっているサービスなのでSNSだといえます。

 誰にどのような情報を発信するのか?

このように多種多様なソーシャルメディアが普及して多くの企業が自社サイトのトラフィックを増やすことに成功する中、大多数の企業はいまだにソーシャルメディアの活用に成功していないのが現状です。その最大の理由は、ソーシャルメディアを活用する目的が見込み客の獲得による短期的な売上増を目指すという誤った目的のままだからです。

この問題を理解するにはソーシャルメディアの定義を知ることが必要です。

ソーシャルメディアとは、インターネット上で展開される情報メディアで、個人による情報発信や個人間のコミュニケーション、人の結び付きを利用した情報流通などといった社会的な要素を含んだメディアを意味します。

このようにソーシャルメディアは、人々が買い物をするマーケットでもなく、欲しい商品を探す検索エンジンでもありません。ソーシャルとは「社交」を意味するものであり、本来、個人と個人がコミュニケーシコンをする場なのです。

そのようなパーティーのような場所に企業が商品の情報を発信するということ自体、本来は場違いな行為であり、ソーシャルメディアユーザーに強く歓迎されることではありません。企業がそのような社交の場で許されることといえば、ソーシャルメディアユーザーに役立つ情報を発信することくらいなのです。

にもかかわらず、これまで非常に多くの企業がソーシャルメディアの本来的な意味を理解せず、あるいは理解しようとせずGoogleのような検索エンジンのようなものだと勘違いをしてきました。そして一方的な自社サイトの宣伝情報を発信して成果が上がらないと嘆いているのが実情なのです。

しかし、試行錯誤を通じてソーシャルメディアをどのように活用すればそこから自社サイトにソーシャルメディアユーザーを誘導してトラフィックと売り上げを増やすことができるのかを理解する企業が徐々に出てくるようになりました。

そのソーシャルメディアを活用して自社サイトのトラフィック増とそれによる売上増を増やすためには、誰にどのような情報を発信するかを明確に決めることが重要です。

3-1 ◆ 新商品の発表

企業の主な活動の1つは新しい市場を見つけ、その市場にいる見込み客のニーズを満たすための新しい商品を提供することです。

インターネットが普及する以前は新商品の発表をするためには多くの費用を払うことが求められました。その費用は新聞、雑誌、ラジオ、テレビなどの広告宣伝費として費やされてきました。

しかし、広告スペースやCM枠は非常に限られたものであるため、多くの資本を持つ企業が新商品の発表を有利に進める時代が続きました。

その後、インターネットと検索エンジンの普及に伴い、日々、増えるWebページ上に確保された広告枠は比較的低価格で購入することができるようになったため、大きな資本を持たない中小零細企業や個人でも利用できる環境になりました。また、SEO技術の普及によって、検索エンジン最適化の方法を知る企業は自然検索結果で自社サイトを上位表示させ、自社の新商品を低コストでPRすることが可能になりました。

しかし、それは自社のソーシャルメディアを見てくれるフォロワー（情報購読者）が一定数以上いればのことであり、ソーシャルメディア活用を始めたばかりの企業は新商品の発表をソーシャルメディアで行ったからといって大きな成果を上げることは困難です。

3-2 ◆ キャンペーン情報

新商品の発表はたくさんのフォロワーがいないと直接的なトラフィック増や売上増にはつながりにくいので、もっとハードルを低くして短期的にトラフィックを集める方法を考えなくてはなりません。

新商品の発表よりもややハードルが低いのがお得なキャンペーン情報の発信です。通常は高額な商品を一定期間に限って割引販売をしたり、オプションの商品・サービスが無料になるなど、割引セールをすることにより、より多くのソーシャルメディアユーザーの注目を集めることが可能です。

しかし、それでもソーシャルメディアユーザーに出費を強いることになるため、人と人が交流するパーティー会場のような性質を持つソーシャルメディアではさほど歓迎される情報ではありません。

3-3 ◆ プレゼント・懸賞情報

ソーシャルメディアで歓迎される情報はこのようにソーシャルメディアユーザーがお金を払うことになる情報ではなく、真逆である「お金をもらえる情報」、または「物品やサービスをもらえる情報」です。その代表的なものがプレゼントがもらえる情報、懸賞を当てるための情報です。

提供するプレゼントは自社商品であれば自社商品のPRにもなって一石二鳥ですが、現実にはその商品の良さをほとんどの消費者は知らないため、振り向いてもくれないことがあります。

そうした場合は人気のある他社のまったく関連性のない商品をプレゼントすることも有効な選択肢の1つです。たとえば、誰もが行きたいような人気の観光スポットの宿泊券や、そのときに話題の比較的高額な家電やデジタルデバイス、またはたくさんの用途に使える商品券などがソーシャルメディア上でトラフィックを集め、自社サイト上にプレゼント・懸賞案内ページを作りそこに誘導することが可能です。

そうすることで、自社サイトのトラフィックを増やすだけではなく、その後にメールマガジンなどを配信するためのメールアドレスや氏名などをフォームに記入してもらうことも可能になります。

3-4 ◆ モニター募集案内

自社商品のPR色を強めたい場合は、自社商品を無料または大幅な割引価格で提供する代わりに、モニターとして商品の感想を送ってもらったり、氏名や顔写真を掲載させてもらうことを条件にするモニター募集案内をソーシャルメディアで配信する方法もあります。原価率が低い商品や、客数が少ない時間帯にサービスを提供するなど、コストを抑えることができたら、大きな出費なしでモニターを集めることが可能になります。

3-5 ◆ 求人募集案内

ソーシャルメディアで歓迎される情報はソーシャルメディアユーザーが「お金をもらえる情報」、または「物品やサービスをもらえる情報」です。そういった情報ではなく、労働という対価が伴いますが、求人情報は1度きりではなく継続的にお金をもらうことができる情報なのでソーシャルメディアユーザーに好まれる情報です。

景気の動向によっては採用活動に伴う費用が非常に高くなる時期もあり、たくさんの労働人口が利用しているソーシャルメディアは非常に有効な求人媒体になってきています。

他の情報と同様に、ソーシャルメディア上ですべての情報を載せるのではなく、自社サイトに全文載せて、そのWebページにソーシャルメディア上の記事からリンクを張ることが自社サイトのトラフィック増に大きく貢献することになります。

3-6 ◆ お役立ち情報

物品がもらえたり、サービスが無料で利用できるほどのインパクトはありませんが、デジタル情報を流通するインフラであるインターネット上では無料で役立つ情報をもらえるのが当たり前だという文化があります。ソーシャルメディアもそうしたインターネット上の1つのメディアであるため、無料のお役立ち情報は非常に歓迎される情報です。

ソーシャルメディアでよく見かける無料のお役立ち情報には次のようなものがあります。

①ユーザーからの質問への回答

数百文字を超える比較的長文のQ&Aコンテンツは自社サイトに載せてサイトのコンテンツとして発表したほうがSEOに有利になりますが、中には数百文字以下の短めの文章しか書けないときがあります。そうした文字数の少ないコンテンツは自社サイトに載せることはむしろSEOにおいてマイナスになるので、ソーシャルメディアのほうに投稿すると長文があまり少ないソーシャルメディア上で有効活用することができます。

②商品の使い方・活用ガイド

これも長文ではなく、商品のちょっとした使い方、活用の方法を数百文字以内でしか書けないときにはソーシャルメディアに投稿することがコンテンツの有効活用になります。

③事例報告

ソーシャルメディアの主役は人なので、自社のお客様やユーザーが自社の商品・サービスをどのように使い、どのような成果を上げたか短めの文章しか書けないときにソーシャルメディアが便利なツールになります。

④統計情報

ソーシャルメディアユーザーに限らず、人がありがたく思う情報の1つに主観的な情報ではなく客観的な情報があります。客観的な情報の典型例が統計情報です。一定の調査条件でデータやアンケートを取り、それをもとに伝わりやすい表やグラフで表現した統計情報はたくさんの閲覧数を稼ぐだけではなく、信頼できる情報として他のソーシャルメディアユーザーにもシェアして拡散される力を持っています。

最善なのは自社で独自に調査やアンケートを行い、1度だけではなく、継続的に発表することですが、それが無理な場合は他社が発表した統計情報とそれに対する感想を書いて投稿するだけでも一定の効果が期待できます。

⑤海外事情

自社や自社を取り巻く環境で特にニュースがない場合は、思い切って海外の同じ業界の動向を調べて、それを報告するのもソーシャルメディアでは歓迎されやすいものです。

一番良いのは自分自身が海外に行って情報を収集することですが、それが無理な場合は検索をしてネット上の情報を収集し自分の独自コメントを書くだけでも大きな価値が生じることがあります。

⑥画像

現在ではほとんどのソーシャルメディアが画像を投稿できるようになっており、画像も投稿されている記事は、そうではないものに比べてソーシャルメディアユーザーの注意を引きやすく閲覧数の増加に貢献することがわかっています。その中でも目新しい画像や話題性がある画像を投稿すると、シェアやいいねボタンの数が増えるという好循環をもたらします。

InstagramやPinterestのように画像を主なコンテンツとしてやり取りするソーシャルメディアもユーザー数を急速に増やすようになっています。

企業が現実的に投稿できる画像には次のようなものがあります。

- 商品の写真
- 商品の利用例(服の試着など)
- サービスの提供風景
- ユーザー・顧客の写真
- 風景写真(観光業等)
- イメージイラスト
- イメージ写真
- 壁紙・待受画像・アイコン
- グラフ(統計情報)
- インフォグラフィック(情報、データ、知識を視覚的に表現したもの)

写真は高額な機材を使わないでも気軽に自分が普段使っているスマートフォンやタブレットで思ったときにすぐに撮影ができるはずですし、イラストやインフォグラフィックなどは低料金で作成してくれるクラウドソーシングサービスがあるので実現のハードルは年々、低くなってきています。

⑦動画

ソーシャルメディアサービスを提供している企業が腐心していることの1つはユーザーの滞在時間を長くすることです。そうすることによってそこで表示される広告を見てもらえる機会が増え、それが広告スポンサーにとって魅力的な宣伝媒体になるからです。

そうした中で、ソーシャルメディアサービスを提供している企業が力を入れているのが動画を投稿してもらうことです。従来、Web上の動画はGoogleが運営するYouTubeが圧倒的なNo.1プラットフォームでしたが、その後を急速にFacebookが追うようになってきています。他にも新興のソーシャルメディア運営企業はショート動画をツイートのような感覚で共有できるサービスをリリースするようになりました。

これまでYouTubeだけに投稿していた動画をそのままこうしたソーシャルメディアにも投稿することはほとんどコストをかけることなく、これまでの動画という貴重なデジタル資産を再利用する有効な手段です。

ただし、やみくもに動画を投稿するのではなく本書の第1章で述べたように次のような基準のいずれか、または複数に該当する内容の動画を投稿したほうがユーザーに歓迎されやすいです。

(1)動きがあったほうがわかりやすいテーマ
(2)文字や画像を見るよりもわかりやすいプロによる解説
(3)何かのやり方や方法の解説
(4)音声があったほうがメッセージが伝わりやすいテーマ

また、最近ではGoProなどのビデオカメラやスマートフォンのカメラを使ってアウトドアの被写体を撮影して公開して成功している例が増えています。

観光業や、スポーツ、動物などの産業でビジネスをする企業ならばたくさんのソーシャルメディアユーザーを集める企画が考えやすいはずです。

3-7 ◆ イベント情報

無料のお役立ち情報と同様、あるいはそれ以上にソーシャルメディアで歓迎されやすい情報はイベントの情報です。

イベントというのは、コンサート、セミナー、講演、研修、カンファレンス、ミートアップ、展示会、発表会、交流会、飲み会、ランチ会、ツアーなど、参加者が集まり交流や情報発信と情報交換を目的にした集会のことです。

これらのイベントは人々が交流するソーシャルメディアの縮図のようなものでもあるため、イベントの様子を画像や動画として撮影して投稿したり、その感想を投稿したりすることはソーシャルメディア上で歓迎され、多くのユーザーの注目を引きやすい情報だということがわかってきました。

このことはソーシャルメディア上で押されるいいねボタン数やシェア数の多さという数値でわかることでもあります。

イベント情報は厳密に分類すると、次のようなものがあります。

①自社主催イベントの募集

自社が独自に主催するイベントをソーシャルメディアで告知すると参加者を増やせることがあります。しかし、参加費がかかる有料のイベントを告知してもユーザーから見ると販売活動に見えることになるので、非常に需要が高いイベントでない限りは大きな成果を見込むことは困難です。

②自社主催イベントの結果報告

一方、すでに終了したイベントの様子をソーシャルメディア上で報告することは、一定の反応を得ることが可能です。特にそのイベントに参加している参加者の写真や様子を報告すれば、ポジティブな感情を抱きやすくなりシェアはされないとしても一定のいいねボタンを押してもらいやすいことがわかってきています。

③他社主催イベントの参加報告

自社が独自にイベントを開催すれば自社の商品やサービス、あるいはブランドがソーシャルメディア上に拡散しやすくなりますが、そのためには一定の準備時間と費用がかかります。

一方、他者が主催するイベント、特に人気のあるイベントに参加することは参加費を払うだけで可能です。他者が主催するイベントに積極的に参加し、その様子を撮影して感想と一緒に映像も投稿すれば一定の反応を得ることが可能です。

3-8 ◆ 自社サイトの更新情報

日常的に最もやりやすいのが自社サイトの更新情報を何行かの文章と画像、そして更新したWebページのURLとともに投稿することです。これをすると着実に一定のトラフィックを自社サイトにもたらすことが可能です。

下図は筆者がほとんど毎日、自社サイトの更新情報をFacebookページ、Twitter、Googleビジネスプロフィールを使って告知しているサイトの過去1カ月間のアクセス状況を示すGoogleアナリティクスの画面です。

◉筆者のサイトのアクセス状況

Default Channel Grouping	集客 セッション
	5,161 全体に対する割合: 100.00% (5,161)
1. Organic Search	1,812 (35.11%)
2. Social	1,418 (27.48%)
3. Direct	1,017 (19.71%)
4. Referral	914 (17.71%)

◉筆者のサイトのソーシャルメディアからのアクセス状況

ソーシャル ネットワーク	集客 セッション	新規セッション率	新規ユーザー
	1,418 全体に対する割合: 27.48% (5,161)	47.60% ビューの平均: 56.40% (-15.60%)	675 全体に対する割合: 23.19% (2,911)
1. Facebook	959 (67.63%)	40.67%	390 (57.78%)
2. Twitter	423 (29.83%)	65.72%	278 (41.19%)
3. Google+	17 (1.20%)	23.53%	4 (0.59%)
4. Ameba	15 (1.06%)	6.67%	1 (0.15%)
5. Hatena Bookmark	1 (0.07%)	0.00%	0 (0.00%)
6. HootSuite	1 (0.07%)	0.00%	0 (0.00%)
7. Naver	1 (0.07%)	100.00%	1 (0.15%)
8. Oshiete! goo	1 (0.07%)	100.00%	1 (0.15%)

更新しているページはQ&Aページを週4ページ、ブログを1ページの合計5ページだけですが、サイトを訪問するユーザーの27%近く、つまり4分の1以上がソーシャルメディア（Social）から来ていることがわかります。

更新状況は端的なもので十分です。Q&Aページを告知するのなら質問文とページURLだけでいいですし、ブログ記事の場合は記事のタイトルとURLだけでもかまいません。

◉筆者が運営するFacebookページの投稿例1

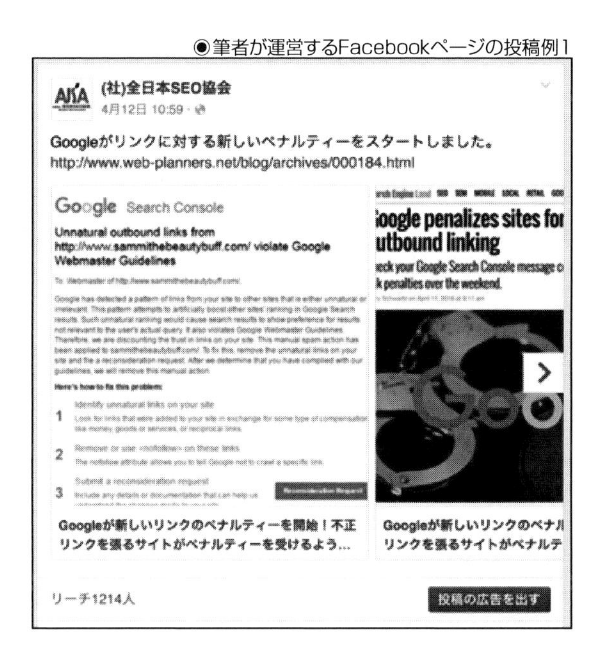

◉筆者が運営するFacebookページの投稿例2

このように自社サイトの更新状況を発信するだけでも貴重なトラフィックをソーシャルメディアから獲得することが可能です。

3-9 ◆ スタッフ・経営者の日常報告

企業が運営するソーシャルメディアで投稿される情報で最も多いのが企業で働くスタッフや経営者の日常報告です。週末や勤務時間外に食べた食事の写真を撮って簡単なコメントを書いたり、お花見や観光の感想とスマートフォンなどで撮影した写真を投稿したりするのは、たくさんの準備をしないでも思い立ったときに作成できる情報です。

人と人が交流するために作られたソーシャルメディアの主役は個人なので、こうした情報はとても相性の良いものになっています。

こうした仕事以外のことは確かにその人の人柄や普段は見れない面が見えるのでソーシャルメディアで発信するコンテンツとしては適切ですが、仕事や会社で取り扱っている商材に関する情報も発信すべきです。

下図は自社サイトでフローリングを販売している企業のFacebookページです。出先でたまたま見かけた古いフローリングを使ったカウンターのある飲食店で撮影した写真です。環境負荷を減らすために廃材の再利用など社会的に有意義なこともあり、140人以上がこの投稿にいいねをしています。

◉材木加工販売会社のFacebookページの投稿例1

このように自社商品そのものではなく、出先で見かけた素敵な活用例や他社商品などは情報発信者の商品の売り込みではないのでソーシャルメディアでは歓迎される傾向があります。

3-10◈企業の活動報告

スタッフや経営者だけではなく、会社自体の活動報告をこまめにソーシャルメディアで情報発信することは自社サイトのトラフィックを増やすだけではなく、企業のブランディングにも役立ちます。

ソーシャルメディアでよく見かける企業の活動報告情報には次のようなものがあります。

(1)環境負荷軽減の取り組みの報告
(2)慈善事業、社会貢献活動の報告
(3)会社が受賞した賞の紹介
(4)マスコミ掲載実績や取材の様子の報告

次の例は先ほどの京都のフローリング販売会社のFacebookページにマスコミが取材をしている風景を撮影した写真と簡単なコメントと自社サイトのURLを投稿した記事をアップした様子です。

◉材木加工販売会社のFacebookページの投稿例2

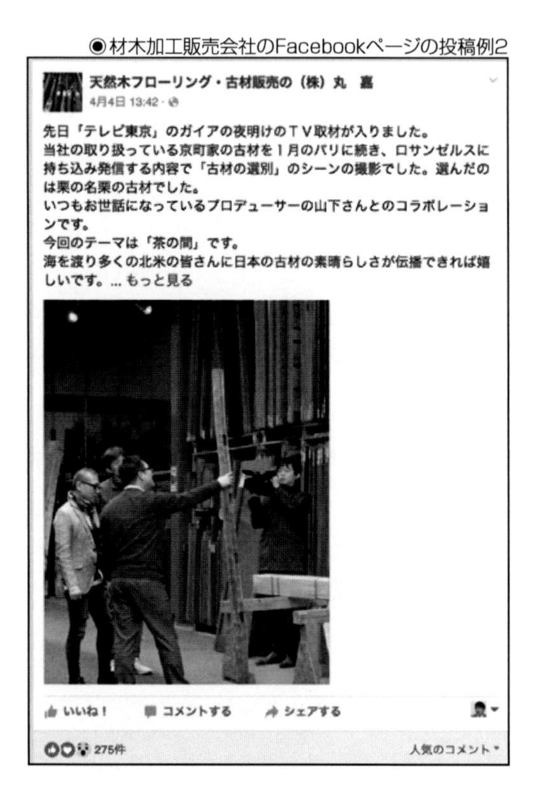

こうした情報を載せることにより高額な商品などは特に企業の信用アップになり成約率アップに貢献することがわかってきています。

4 ドメイン内ブログをソーシャルメディアで告知する

4-1 ◆ ソーシャルメディアの落とし穴

これまでソーシャルメディアではどのような情報を発信すればよいのかを解説してきましたが、ソーシャルメディア活用には1つ大きな落とし穴があります。

それはソーシャルメディア上にコンテンツを投稿しても、それらは投稿されたソーシャルメディアサービス提供企業のコンテンツになるので、自社サイトのコンテンツの充実には直接的に貢献しないということです。

本書の第1章で述べたようにトリプルメディア理論ではコンテンツマーケティングを実施できるメディアは主に3つあり、それらは次の通りです。

メディア	説明
オウンドメディア	「自社メディア」のことであり、自社サイト、自社ブログ、メールマガジンなど企業が直接所有して自由に情報発信できる媒体
アーンドメディア	企業が消費者から評判を獲得するという意味で「Earned=獲得された」メディアと呼ばれるものでFacebookやTwitterなどのソーシャルメディアやアメブロやライブドアブログなどの消費者が運営するブログのこと
ペイドメディア	広告料金や掲載料金を支払うことにより利用できるメディアで検索エンジン連動型広告(リスティング広告)、ディスプレイ広告などの純粋な広告の他、ポータルサイトへの情報掲載、記事広告なども含まれる

◉トリプルメディア理論の概念図

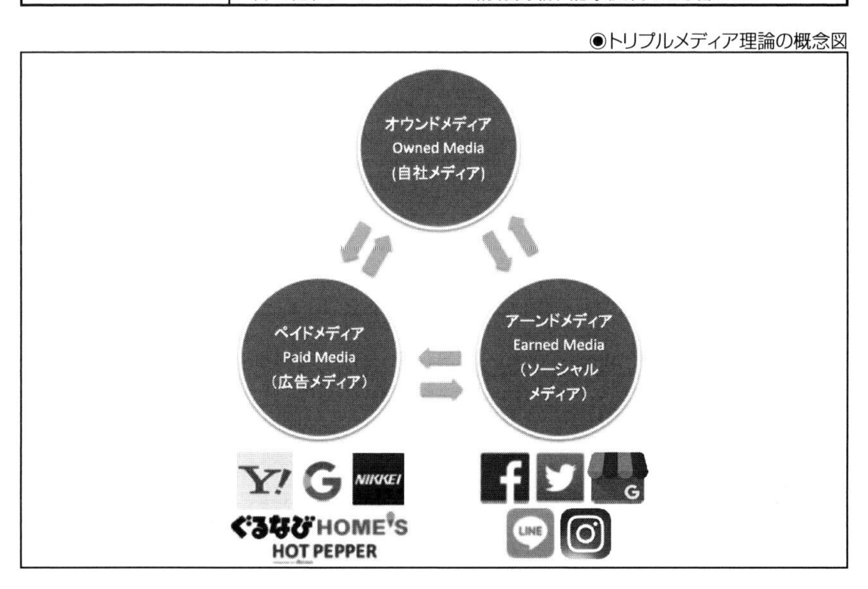

アーンドメディアであるソーシャルメディアにいくらたくさんの情報を投稿しても、それらのデジタル情報はソーシャルメディアサービス提供企業の資産として蓄積されます。しかも、次々に情報が投稿されるため、つい最近投稿した自社の大切な情報はタイムラインというソーシャルメディア上の掲示板のようなページの下のほうにおいやられて見つかりにくくなってしまいます。ほとんどのソーシャルメディアユーザーは「今」の情報を見たいため、過去の情報をさかのぼって見てくれることはほとんどありません。

ソーシャルメディアに投稿した情報は直接的に自社サイトのコンテンツとしてはGoogleなどの検索エンジンは評価しないため、ソーシャルメディアばかりに自社の貴重なコンテンツを投稿していると、自社サイトのコンテンツの充実という本来の課題をいつになっても解決できないジレンマが生じてしまいます。

現実に、多くの企業がコンテンツ制作にかけられる時間とエネルギーのほとんどをソーシャルメディアに費やしてしまい、自社サイトの更新がほとんどされずに放置されている例が増えてきています。

4-2 ◆ ソーシャルメディアとドメイン内ブログの使い分け

こうしたジレンマを解消するためにはソーシャルメディアとドメイン内ブログの使い分けをする必要があります。使い分けの基準としては次の2つが望まれます。

①500文字未満の文章はソーシャルに、それ以上のものはドメイン内ブログに

500文字未満の文章はソーシャルメディアに投稿して、500文字以上の文章は自社サイトに設置しているドメイン内ブログにブログ記事として投稿します。

◉筆者のFacebookページの投稿例1

(社)全日本SEO協会さんが写真3件を追加しました。
3月26日 20:31 ·

今週木曜、福岡でSEOカンファレンスを開催しました。
http://www.zennihon-seo.org/conference.html

新しい仲間も加わり、検索順位を上げるため、成約率を上げるために何をすれば良いかのグループコンサルティングが出来ました。Googleの先にいる見込み客のために役立つサイト作りをして上位表示を達成した事例やたくさんの重要なご質問を頂きました。中でも問い合わせ件数を何倍にもしたコンテンツ作りの発表をしてくれた松本さんという会員様のプレゼンにはすごいものでした。

移り変わりが激しく、次から次へと課題が増えるSEOの世界ではこうした交流による情報交換が有効だということを改めて強く感じました。これからも全国４箇所で開催されるSEOカンファレンス、サイトクリックなどの場を通じて資本の多寡に関係無い知恵のコミュニティーを作っていけると思いました。

会員の寺田さんが写真を撮って送ってくれました。素晴らしい写真ありがとうございました。

◉筆者のFacebookページの投稿例2

(社)全日本SEO協会
4月13日 18:52 ·

昨日の東京国際フォーラムで行われた２つのセミナーとその後のSEOソフト無料説明会に参加していただいた受講者様です。
長時間にも関わらず熱心にたくさんの重要なご質問を頂きありがとうございました。またお会いできる時を楽しみにしています。

リーチ440人　　投稿の広告を出す

いいね！　コメントする　シェアする

青木正臣さん、廣瀬 晴さん、他17人

シェア1件

②自社サイトのテーマから逸れた内容の文章はソーシャルメディアに

自社サイトのテーマから逸れた内容のコンテンツは、自社サイトに設置したドメイン内ブログに投稿するとサイトのテーマが本来のものと変わってしまい、検索順位ダウンの原因になるのでソーシャルメディア上で発信します。

4-3 ◆ ドメイン内ブログとソーシャルメディアのシナジー

こうした基準に沿って、そのときどきで、「この情報はソーシャルメディアで」「このテーマの情報はドメイン内ブログで」と振り分けていけば、ソーシャルメディアの積極的な活用と、自社サイトのコンテンツの充実がより確実に実現できるようになります。

そして、ドメイン内ブログに投稿した記事を少しでも早く、より多くのネットユーザーに見てもらうため、記事を投稿するたびにソーシャルメディアで告知するのです。ソーシャルメディアにはドメイン内ブログに投稿した記事の紹介文を100文字前後だけ書き、その下にドメイン内ブログの記事ページURLを書いて投稿するだけでよいのです。そうすればより多くのトラフィックを自社サイトにもたらすことが可能になります。

SEOにおけるソーシャルメディア活用の重要性はまさにこの自社サイト上のコンテンツとソーシャルメディアの告知力のシナジー（相乗効果）を実現するためにあります。

情報拡散を促す方策

自社サイト上にある商品案内のコンテンツや、ドメイン内に設置したブログなどを、より多くのソーシャルメディアユーザーに見てもらうためには、情報が拡散されやすくするためのツールを使うことが効果的です。

5-1 ◆ ソーシャルボタンの設置

ソーシャルメディアによる情報拡散を実現しやすくするための最も初歩的な対策は、自社サイトのページの適切な場所にソーシャルボタンを設置することです。

ソーシャルボタンとは下図のように最近多くのサイトで見かけるようになったFacebook、Twitter、B!などの小さめの画像ボタンです。

◉ソーシャルボタンの設置例

✓ いいね！ 63　シェア　Tweet　B! ブックマーク

その画像ボタンをクリックすると、画像ボタンに応じたソーシャルメディアに投稿するためのポップアップウィンドウが開きます。投稿内容の入力欄には、そのページのタイトルやURLが入力された状態なので、そのページの情報を簡単に投稿することができます。

◉ソーシャルボタンを押したときに表示されるポップアップの例

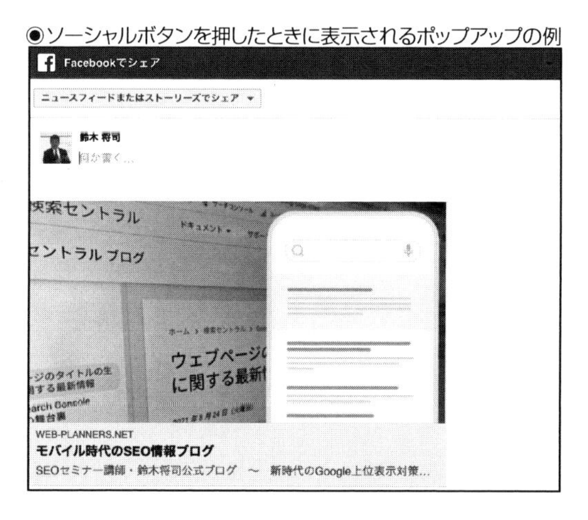

◉Twitterへの投稿の例

5-2 ◆ ユーザーがシェアしたくなるページ

ソーシャルボタンがページにあることによってサイト訪問者が思い立ったときにいつでもそのページを自分の友達に知らせることが可能になります。

ソーシャルメディアを使っているユーザーの行動原理には「役に立つ情報を発見したら自分の友達にシェアする」というものがあります。この行動原理を活用することで自社サイトのトラフィックを増やすことができます。

そのためには、次の2つのことを心がける必要があります。

①ソーシャルボタンが目立つところに設置されている

ソーシャルボタンを目立つように設置することによって「このページはシェアができる」というサインをユーザーに発することができます。

効果的なソーシャルボタンの設置場所は、ページのヘッダー部分とフッター部分の2箇所です。つまり、ページにあるメインコンテンツの上と下に置きます。

上(ヘッダー部分)のソーシャルボタンは押されることはほとんどありませんが、ソーシャルボタンがあるという信号を与えることが目的です。

そして、メインコンテンツを実際に読んでそのコンテンツを自分の友達にも知らせたい場合はメインコンテンツのすぐ下(フッター部分)に設置されたフッターのソーシャルボタンをユーザーが押します。

②シェアしたくなるページにソーシャルボタンを設置する

もう1つの重要なポイントは、メインコンテンツ自体がシェアしたくなるようなものかどうかです。

自社商品の売り込みをしているだけのページや、サイトマップページ、お問い合わせフォームなどにソーシャルボタンを設置しても、それらはユーザーの友達にわざわざ紹介したくなるほどの内容ではありません。

むしろユーザーがシェアしたくなるページは役に立つ情報、面白い情報が載っているページです。

次の図は、SEOを学ぶ人に役に立つように作られたQ&Aコーナーのページのメインコンテンツの上と下にソーシャルボタンを設置した例です。

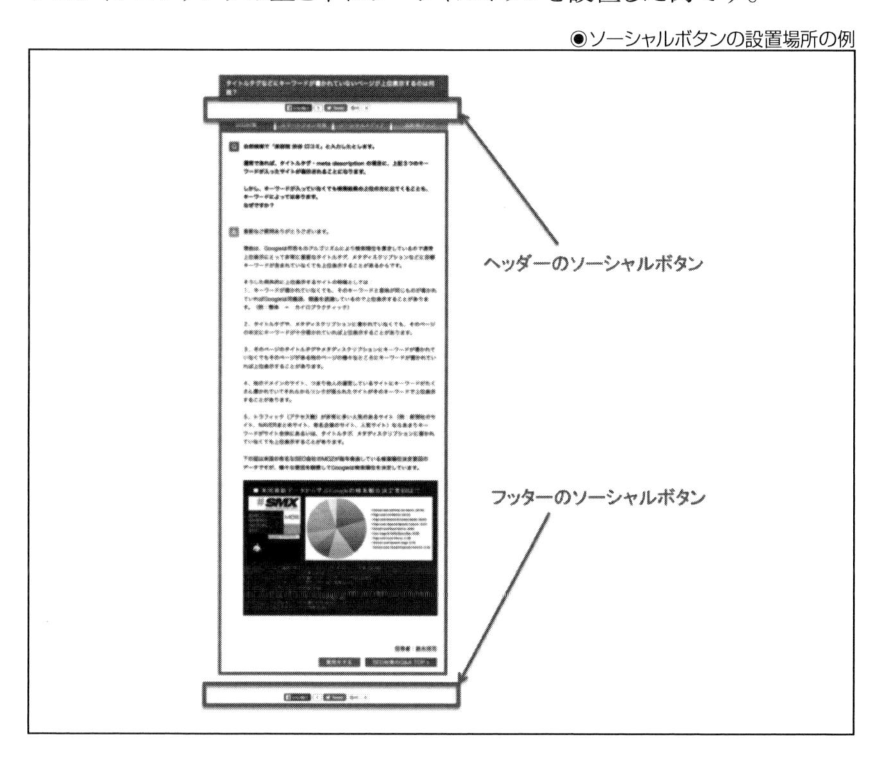

◉ソーシャルボタンの設置場所の例

シェアされやすいお役立ちコンテンツのあるページは次のようになります。

- Q&Aページ
- 事例紹介ページ
- ニュースページ
- ブログ記事ページ
- 無料素材がダウンロードできるページ
- シミュレーションができるページ
- ソフトが使えるページ
- ゲームやクイズが楽しめるページ
- プレゼントや懸賞の案内ページ
- 動画が見れるページ
- 無料テンプレートがダウンロードできるページ
- 商品の選び方や使い方が説明されているページ

これらのページのヘッダーとフッターには積極的にソーシャルボタンを貼り付けるようにしてください。

5-3 ◆ ソーシャルメディアページへのリンク

もう1つ忘れてはならないのは、自社サイトから自社が運営している各種ソーシャルメディアページへのリンクを張ることです。

これをすることで、ユーザーが訪問したサイトを運営する企業がソーシャルメディアも運営していることをユーザーに知らせることができます。また、興味が湧いたらソーシャルメディアページのほうも見てくれるという結果につながりやすくなります。

◉筆者が運営するサイトの例

◉医療用ウィッグ販売会社サイトの例

◉リフォーム会社の例

サイトを見に来たユーザーがそのときは商品を購入しないでそのままサイトから離脱してGoogleやYahoo! JAPANなどの検索エンジンに戻ってしまったら、その後いつ自社サイトに戻ってきてくれるかわかりません。

しかし、サイトからリンクを張っているソーシャルメディアページを訪問してくれたらそこで自社のことをもっと詳しく知ってもらうことができ、商品を購入してくれるかもしれません。また、商品を購入しなくても、その後、その会社の情報を取得するためにフォロワー（情報受信者）になってくれるかもしれません。

ソーシャルメディアページへのリンクを自社サイトから張ることで、切れてしまうかもしれない縁を切れないように維持するための努力をするのです。

5-4 ◆ タイムラインの設置

さらに積極的に自社ソーシャルメディアページの存在とフォロワーを増やすためにできることがソーシャルメディアのタイムラインを自社サイトに設置することです。タイムラインとはソーシャルメディアユーザーが投稿した情報を時系列順に表示するもので、新しい情報ほど上に表示されます。FacebookやTwitterのタイムラインを自社サイトに埋め込むことができます。

◉Twitterのタイムラインを設置した飲食店のサイトの例

◉Facebookページのタイムラインを設置した飲食店のサイトの例

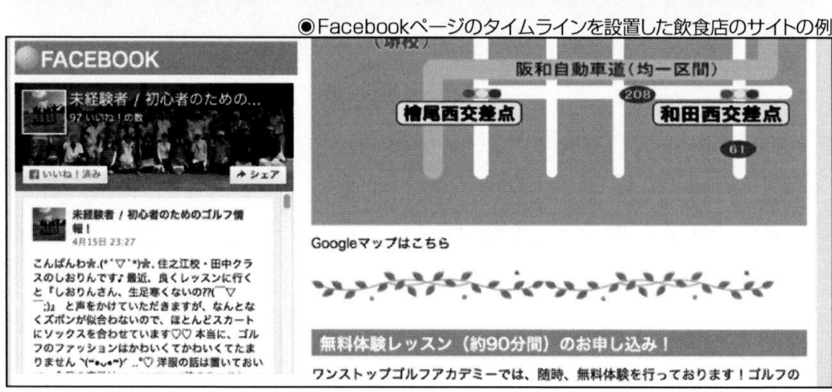

タイムラインを設置すると、次のようなメリットが生じます。

①活発に活動していることが伝わり企業の信用アップになる

企業の最新情報がタイムラインの上から下にかけて投稿日時や画像と一緒に表示されるので、活発に活動している印象を見る人に与えることができます。

②フォロワー、友達登録者が増えやすくなる

Twitterのタイムラインには「フォローする」というボタンが表示され、Facebookページのタイムラインにはページへの「いいね」のボタンが表示されるので、これらのボタンを押したユーザーにはその後も投稿内容が配信されるようになり、サイトの再訪問を促すことができます。

なお、タイムラインを張る場所と各種ソーシャルメディアページへのリンクを張る場所については注意点があります。

それはWebページの下のほうにそれらを張るべきだということです。そうしないとWebページ内のメインコンテンツを見る前にサイト訪問者がソーシャルメディアページのほうに行ってしまい、自社サイトのサイト滞在時間を短縮することになるからです。

5-5 ◆ ソーシャルメディア広告の活用

よりスピーディーに情報拡散を実現する方法としてソーシャルメディア広告の活用があります。通常、自社ソーシャルメディアページに投稿する情報は、フォロワーまたはお友達として登録しているユーザーにしか届かないようになっています。また、Facebook社の2015年の発表によるとFacebookの場合は、ページへのいいねを押してフォロワー登録したユーザーのうち、約12%のアクティブなユーザーにしか情報が届かないようになっています。

こうした中で、より多くのソーシャルメディアユーザーに一気に自社情報を配信して情報拡散を目指すことを可能にするのが、有料で利用できるソーシャルメディア広告です。

ソーシャルメディア広告にはさまざまなタイプのものがありますが、効果的な広告の1つがFacebookが販売する投稿記事の広告です。普段通りに投稿した情報に対して広告をかけると、その情報を通常のフォロワーだけではなく、指定した属性のユーザーにも配信することが可能になります。

次の図はFacebookにログインした状態で見た自社の投稿情報です。

●Facebook広告の例

画面右下にある「投稿の広告を出す」というボタンをクリックすると、次の図のように、この投稿記事を見てほしいユーザーの属性を選ぶ画面が表示されます。

●Facebook広告出稿画面の例

配信したいユーザーの居住地域や興味、性別、年齢などを自由に設定して数百円からの少額から広告を購入することができます。Facebook社の広告規約に触れない限り、申し込みをしてから15分以内に広告の表示を開始することができます。

Facebook以外にも多くのソーシャルメディアがこうした気軽に出稿できる広告の品揃えを増やしてきており、人気の広告商品に成長するようになりました。

5-6 ◆ その他の広告の活用

ソーシャルメディア広告以外にもチラシ広告や、雑誌広告、テレビCM、ラジオCMなどにFacebookを意味するfマークやTwitterを意味する小鳥マーク、LINE公式アカウントを意味する黄緑色のLINEマークなどを広告物に挿入して自社ソーシャルメディアページへの来訪を促進することが可能です。

◉ソーシャルメディアのアイコン

5-7 ◆ インフルエンサーへの紹介依頼

フォロワー数が多いTwitterを運営している個人やFacebookページのページへのいいね数が多い個人・法人などを探して、自社のソーシャルメディアページに投稿した情報をシェアしてもらうよう交渉することが可能です。

こうした影響力のあるソーシャルメディアページを運営している個人や法人のことをインフルエンサー（影響力のある者）と呼びます。

インフルエンサーに直接、金銭を払ってPRまたは広告という表記をしないで紹介してもらうことはステルスマーケティングになり、消費者の信頼を裏切る結果をもたらすリスクがあります。ステルスマーケティングを避けるための工夫としては、ためになるイベント、楽しめるイベントを自社で開催してそこにインフルエンサーを招待して自発的にイベント開催者である企業のイベントやそこで紹介される商品をソーシャルメディアを使って紹介してもらうことを目指すというものがあります。

なお、ステルスマーケティング（略称はステマ）とは、消費者に宣伝と気付かれないように宣伝行為をすることです。

5-8 ◆ プレスリリース

インフルエンサーや一定の影響力のある個人や企業に自社の商品や自社そのものに興味をもってもらい、何らかの形で彼らのソーシャルメディアで取り上げてもらうためのきっかけとしてプレスリリースをするという手法があります。

プレスリリースを出すことにより常日頃から最新の情報を探しているインフルエンサーや一定の影響力のある個人や企業に自社のことを知ってもらい、彼らのフォロワーに伝えたい何かがあれば情報発信してくれる可能性が生じます。

自社サイト上にプレスリリースページを作るだけではなく、PRTIMESや@プレスなどのプレスリリース代行会社にリリースの代行を依頼すれば、効率的にメディアで取り上げてもらえることがあります。それが成功すると、そうしたメディアを常日頃から情報源として見ているソーシャルメディアユーザーにも情報が伝わり、情報拡散をしてくれるきっかけを作ることが可能です。

以上がSEOの成功を加速化するためのソーシャルメディアの活用方法です。重要なポイントはソーシャルメディアでは直接、商品を売り込まないということです。ソーシャルメディアは人と人が交流する社交場であることを忘れずに彼らが望む情報を予測し、それを継続的に発信することが最も確実なソーシャルメディア活用方法です。

こうしたソーシャルメディアを始めとするトラフィック獲得手段を最大限活用するとともに、他者のサイトからの被リンクを獲得するには自社サイトのコンテンツの質が問われることになります。そして、ユーザーが真に求めるコンテンツを提供できたサイトだけが人気サイトになることが可能になります。それを実現するための原動力となるのは企画力です。

このようにSEO技術の3要素「企画・人気要素」「内部要素」「外部要素」はそれぞれが密接に絡み合う不可分の要素であり、良い企画が人気のある内部要素を持つサイトを作り、人気のあるサイトは良質な被リンクと、ソーシャルメディアなどからの膨大なトラフィックを集めるというサイクルなのです。

◉SEO技術の3大要素の相互作用

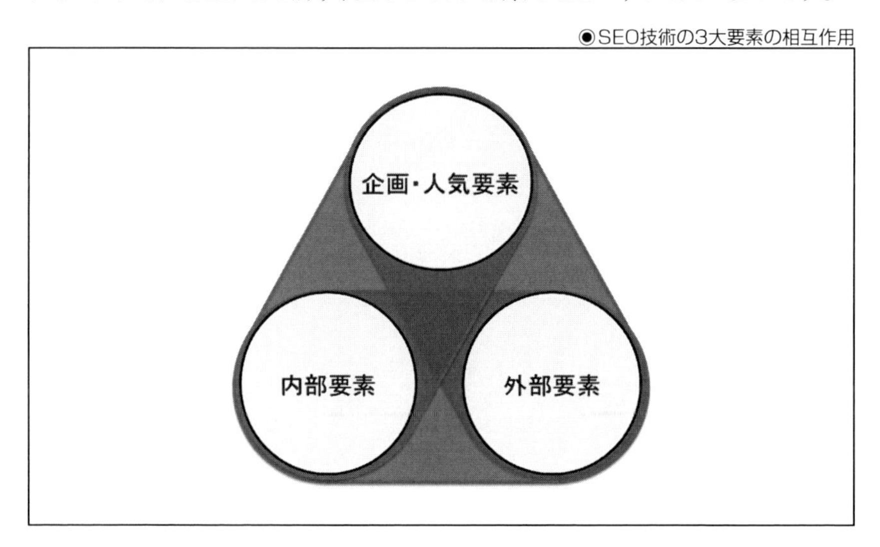

第5章

アクセス解析と競合調査

本書ではこれまで自社サイトに追加すべきコンテンツの作成方法と、それをより多くのユーザーに見てもらうためのリンク対策、トラフィック対策、ソーシャルメディア対策を述べてきましたが、その成果をどのように数値化して改善に役立てるのかを本章では解説します。

アクセス解析ツール

SEOの目的は単に目標設定したWebページの検索順位を上げることではありません。サイトのトラフィックを最大化することがSEOの大きな目的です。さまざまな施策を講じたことによって、どのような成果が上がったかを客観的に数値化するのがアクセス解析ツールです。このツールを使うことで、これまでのSEOの施策の効果がどの程度出たのかを客観的数値により知ることができるとともに、今後どのような対策を取ればよいのかの指針を得ることができます。

1-1 ◆ Googleアナリティクス

GoogleアナリティクスはGoogleが無償で提供しているアクセス解析ツールです。Webマーケティング、SEOの実務者が国内、海外で最も利用している業界標準のツールです。

◉Googleアナリティクスのユーザーサマリー

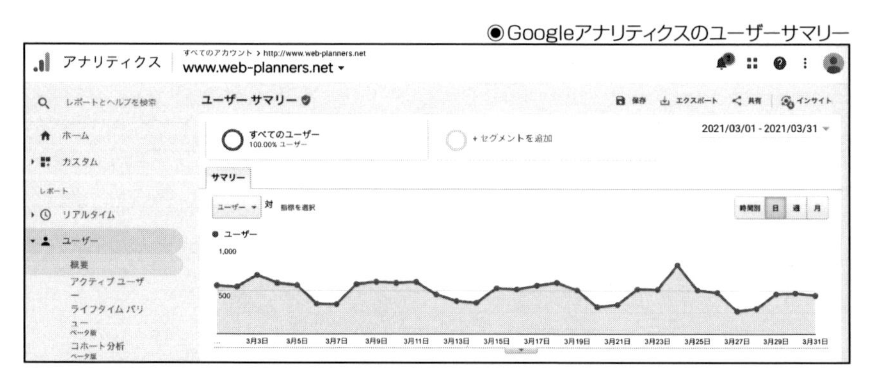

Datanyzeの調査によるとGoogleアナリティクスは2020年3月現在、世界シェアの39.23%を占めており、世界シェア1位のツールです。

◉Googleアナリティクスの市場シェアデータ

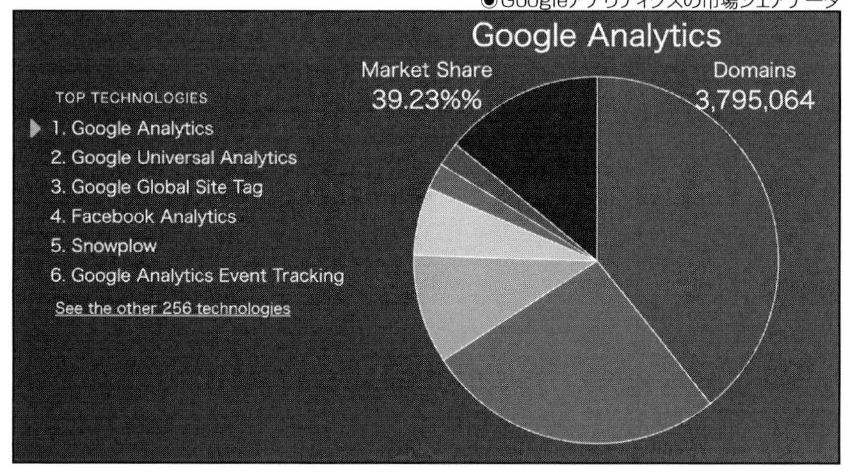

このツールを使うメリットは次のようになります。

①教材が普及している(書籍、ビデオなど)

Googleアナリティクスは国内で最も普及しているため、アクセス解析ツールの解説書のほとんどがGoogleアナリティクスについてのものとなっています。ネット上にもたくさんの解説サイトがあり、セミナーも頻繁に開催されていて最も学習しやすい環境が整っています。

②他社のデータと比較しやすい

多くのサイト管理者やWeb制作者がクライアントのサイトにGoogleアナリティクスを導入しているため、複数のサイトのデータを比較しやすい環境にあります。

③Googleがサイトに求める重要指標がわかる

検索エンジンを運営するGoogleが提供するソフトなので、Googleが重要視しているデータがGoogleアナリティクスには多数、表示されています。そのため、Googleがサイトに何を求めているかの基準を知ることができます。

④Googleが別に提供しているサーチコンソールと連携できる

Googleがサイトをどのように評価しているか、どのようにインデックスしているかなどを知ることができるサーチコンソールという無料ツールとデータを連携できます。

1-2 ◆ サーチコンソールとの連携

サーチコンソールは、サイトのインデックス状況（Googleのクローラーロボットによる登録サイト内の情報収集と評価状況）を知ることができるツールです。誰でも無料で使えます。

Googleアナリティクスと連携する部分の1つは「検索パフォーマンス」という機能です。

アクセス解析ツールであるGoogleアナリティクスではGoogle、Yahoo! JAPAN、Bingのような検索エンジンで検索ユーザーがどのようなキーワードで検索したかを見せてくれる流入キーワードのランキングを見ることができます。しかし、流入キーワードのデータには大きな問題がありました。それはサーチコンソールに自社サイトを登録して連動するためのデータ統合手続きをしても解決できないものでした。

その大きな問題というのは流入キーワードランキングの1位が「not provided」と表示されており、そこに大半の流入キーワードのデータが隠されていたという問題でした。そのため、ほとんどの流入キーワードは何かを誰も知ることができなかったのです。

◉暗号化されたため表示されないデータ

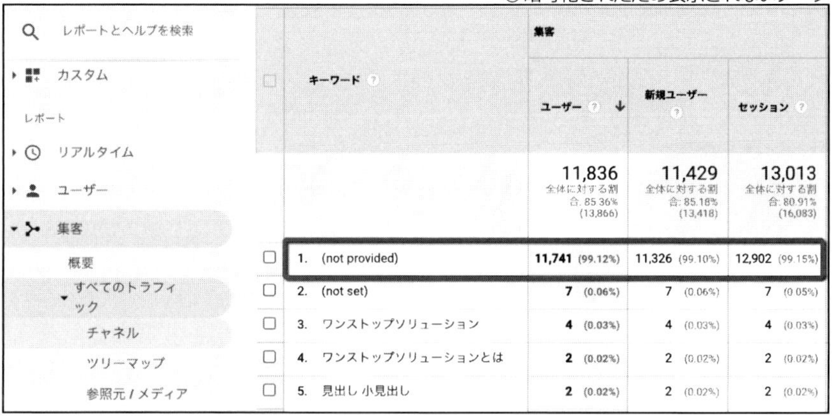

レポートとヘルプを検索
カスタム
レポート
リアルタイム
ユーザー
集客
概要
すべてのトラフィック
チャネル
ツリーマップ
参照元 / メディア

キーワード	集客 ユーザー	新規ユーザー	セッション
	11,836 全体に対する割合: 85.36% (13,866)	11,429 全体に対する割合: 85.18% (13,418)	13,013 全体に対する割合: 80.91% (16,083)
1. (not provided)	11,741 (99.12%)	11,326 (99.10%)	12,902 (99.15%)
2. (not set)	7 (0.06%)	7 (0.06%)	7 (0.05%)
3. ワンストップソリューション	4 (0.03%)	4 (0.03%)	4 (0.03%)
4. ワンストップソリューションとは	2 (0.02%)	2 (0.02%)	2 (0.02%)
5. 見出し 小見出し	2 (0.02%)	2 (0.02%)	2 (0.02%)

Googleはこの問題を解決するため、2015年にサーチコンソール内に新しく「検索パフォーマンス」という機能を追加し、これまで秘密のベールに隠されていた「not provided」とだけ表示されていた大量のキーワードを見られるようにしました。

検索パフォーマンスはサーチコンソールにログインをして左サイドメニューにある「検索パフォーマンス」を選択すると利用できます。そのページではGoogleの検索結果上での「合計クリック数」という事実上のGoogle検索結果ページからの流入数や、「合計表示回数」、検索結果ページ上での平均クリック率である「平均CTR」、Googleでの検索順位である「平均掲載順位」などのGoogle上でのサイトの成績データを閲覧することができます。

◉サーチコンソールの検索パフォーマンスのデータ例

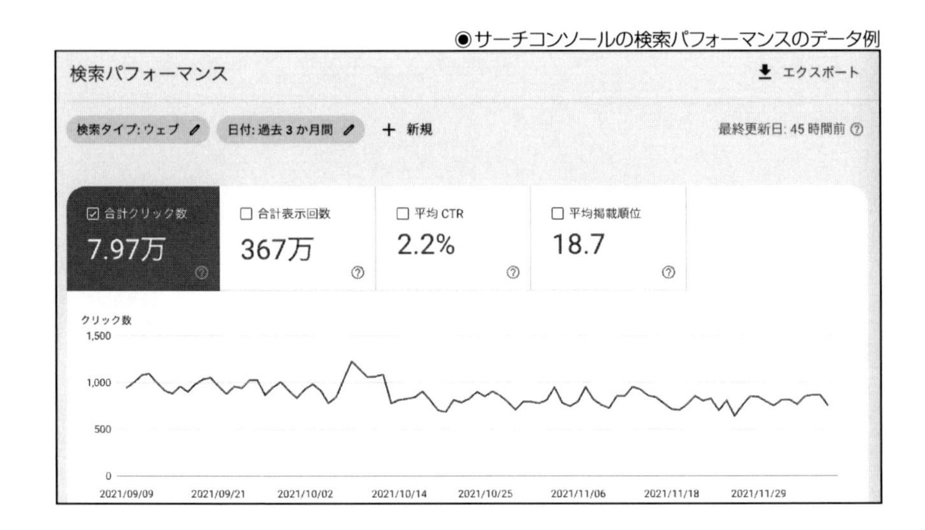

それだけではなく、サイト内の各ページにどのようなキーワードでユーザーが訪問したか、ページごとの流入キーワードと訪問者数（合計クリック数）までわかるようになりました。

◉サーチコンソールの検索パフォーマンスに表示される流入キーワードのデータ例

検索パフォーマンス　　エクスポート

検索タイプ: ウェブ　日付: 過去 3 か月間　＋ 新規　　最終更新日: 8 時間前

クエリ　ページ　国　デバイス　検索での見え方　日付

上位のクエリ	↓ クリック数
大見出し 中見出し 小見出し	200
メタディスクリプション 書き方	198
ワンストップソリューション	143
中見出し	138
google インデックスされるまでの時間	106
ドメイン貸し	106
見出し 小見出し	96

こうしたサーチコンソール内の検索パフォーマンスとGoogleアナリティクスを利用することによって自社サイトに検索エンジンからどのようなキーワードで流入があるかを知ることができます。

流入数が多いキーワードは実際にGoogleで検索すると上位表示していることがほとんどですが、もう少しだけSEOをすることで順位がさらに上がることが多いので、よりたくさんの流入が期待できます。

また、流入数が少ないキーワードはGoogleでの検索順位が低いから流入が少ないことが多いので、そのページの内容を根本的に見直してSEOをすることで順位が少しでも上がり、より多くのユーザーが自社サイトを訪問することを目指すことができます。

1-3 ◆ その他のアクセス解析ツール

Googleアナリティクス以外のアクセス解析ツールとしては次のようなものがあります。

- リサーチアルチザンプロ
- WordPress専用の各種アクセス解析プラグイン

これらは無料版、月額1000円前後というわずかな月額費用で使うことができます。

大規模サイト向けの有料アクセス解析ツールとしては次のようなものがあります。

- Adobe Analytics(アドビ社)
- Googleアナリティクス360(Google社)

これら大規模サイト向けのソフトは10億規模のアクセスを処理できることやデータの反映時間が早い点とサポートが受けられるため、利用料金は月間100万円近くかかります。

費用面、機能面で総合的に最も現実的なため、Googleアナリティクスが最も普及しているツールとなっています。そのため、SEO担当者やマーケティング担当者はGoogleアナリティクスを理解し、使いこなすことが求められるようになってきています。

競合調査ツール

自社サイトのアクセスを解析することは確かに重要なことですが、自社サイトのアクセス解析だけを繰り返すだけでは不十分です。

なぜなら自社サイトのアクセス解析は人間の体でいえば健康診断のようなものであり、何度、自分の体の健康診断をして血圧や、体重、血糖値などの数値を測ったとしても理想的な数値はどのくらいなのかを知らなければ意味がありません。理想的な数値を知ることではじめて自分の体をどのくらいまで改善すればよいのか具体的な目標が設定できるのです。

それを可能にするのが競合調査ツールです。競合調査ツールというのは、競合他社のサイトにどのような流入キーワードでユーザーが訪問しているのか、そしてどのようなサイトやソーシャルメディアからユーザーが訪問しているか、そのデータを世界中の検索ユーザーのパソコンのデータをビッグデータとして収集している企業が提供するソフトのことです。

この競合調査ツールを使うことによって検索エンジンで上位表示しているサイトのアクセス状況をかなり正確に知ることができます。それによって自社サイトよりも上位表示しているサイトのアクセス状況を知り、その数値と自社サイトの違いを比較し、上位表示しているサイトの数値との差を知ることができます。

そして、その差を埋めるために自社サイトにどのようなSEOをすればいいのか、その目標設定をする上で役に立つのが競合調査ツールです。

2-1 ◆ シミラーウェブPRO

競合調査ツールで代表的なものがイスラエルのシミラーウェブ社が提供しているシミラーウェブPROです。データは世界の有名インターネットプロバイダーから購入したネットユーザーの行動履歴や、無数の無料ソフトをインストールしたユーザーの行動履歴などを収集、解析して作られたもので、クッキー技術を使ったGoogleアナリティクスなどのアクセス解析ログでは収集できないデータまでかなりの精度の高さで記録することができるものです。

このソフトを使えば自社サイトだけではなく、競合他社のサイトにYahoo! JAPAN、Google、Bingなどの検索エンジンからどのようなキーワードでユーザーが検索して訪問に至ったのかを知ることができます。

そして、競合他社のサイトがどのような検索キーワードで集客しているかを知ることにより、自社サイトもそうした検索キーワードで上位表示することで、これまで以上に自社サイトのアクセスを増やすことが目指せるようになります。

◉シミラーウェブのデータ例

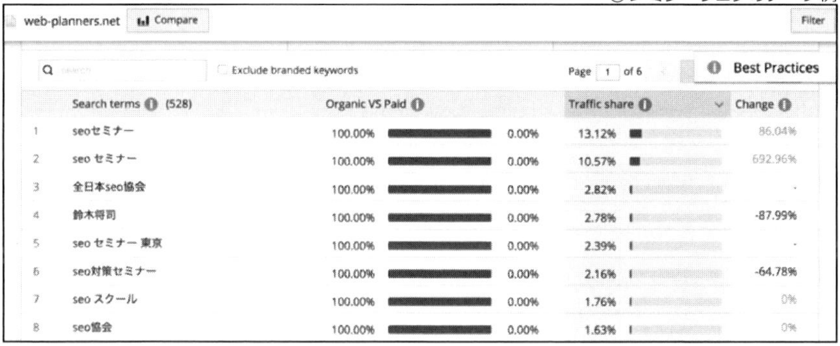

web-planners.net　Compare　Filter

Search　Exclude branded keywords　Page 1 of 6　Best Practices

	Search terms (528)	Organic VS Paid		Traffic share	Change
1	seoセミナー	100.00%	0.00%	13.12%	86.04%
2	seo セミナー	100.00%	0.00%	10.57%	692.96%
3	全日本seo協会	100.00%	0.00%	2.82%	-
4	鈴木将司	100.00%	0.00%	2.78%	-87.99%
5	seo セミナー 東京	100.00%	0.00%	2.39%	-
6	seo対策セミナー	100.00%	0.00%	2.16%	-64.78%
7	seo スクール	100.00%	0.00%	1.76%	0%
8	seo協会	100.00%	0.00%	1.63%	0%

競合他社のサイトへの流入キーワードの他にも、どこのサイトから競合のサイトにユーザーが流入したかという流入元のデータがわかります。

◉シミラーウェブの流入元のデータ

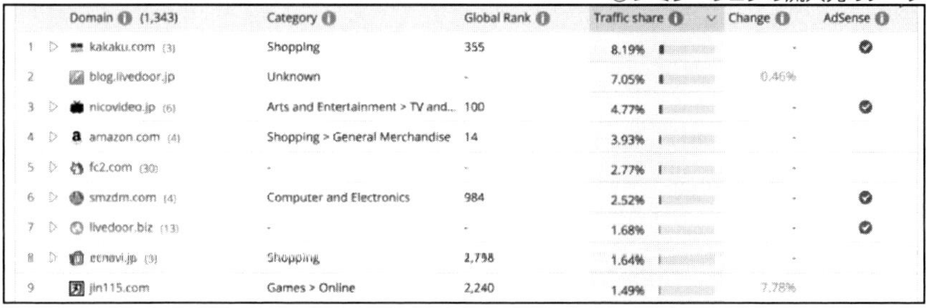

	Domain (1,343)	Category	Global Rank	Traffic share	Change	AdSense
1	kakaku.com (3)	Shopping	355	8.19%	-	✔
2	blog.livedoor.jp	Unknown	-	7.05%	0.46%	
3	nicovideo.jp (6)	Arts and Entertainment > TV and...	100	4.77%	-	✔
4	amazon.com (4)	Shopping > General Merchandise	14	3.93%	-	
5	fc2.com (30)	-	-	2.77%	-	
6	smzdm.com (4)	Computer and Electronics	984	2.52%	-	✔
7	livedoor.biz (13)	-	-	1.68%	-	✔
8	ecnavi.jp (3)	Shopping	2,738	1.64%	-	
9	jin115.com	Games > Online	2,240	1.49%	7.78%	

それにより競合他社がどのようなサイトに掲載されてリンクを張ってもらっているのか、そしてそこからどの程度のトラフィックがもたらされているのかがわかるので、自社も同じところに掲載依頼をすることで競合他社と同じ流入元を獲得することすらできます。

さらにどこのソーシャルメディアからどのくらいの流入があるのかというソーシャルメディア時代の競争に勝つための重要データも知ることができます。

そしてさらに重要なデータがわかります。それは競合サイトの全世界アクセスランキング(Global Rank)と全日本アクセスランキング(Country Rank)です。

自社のデータと比較することによって、自社サイトが競合他社と比べてどのくらいアクセスがあるのか、どのくらい優劣がついているのかがアクセスランキングという決定的な順位の違いによってわかります。

◉シミラーウェブPROの流入ソーシャルメディアデータの例

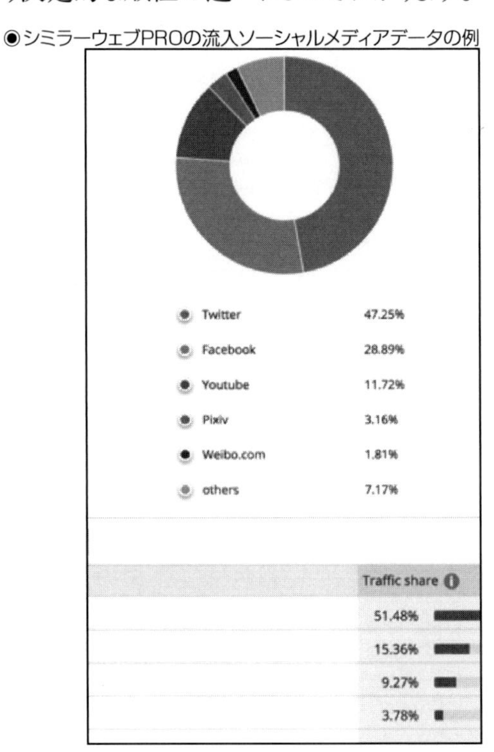

◉シミラーウェブPROのオーディエンス概観の例

このようにシミラーウェブPROの外観や、閲覧できるデータはGoogleアナリティクスに非常に近づいてきており、まるで競合他社のGoogleアナリティクスを覗き見しているような感覚になるほどです。

非常に便利なツールですが、利用料金は年額80万円近くかかるため、誰でも使うことができるツールではありません。

2-2 ◆ シミラーウェブ無料版

シミラーウェブPROの利用料金は高額ですが、表示するデータの種類や数を限定した無料版ならば誰でも無料で利用できます。

シミラーウェブ有料版は上位500件以上の競合他社のサイトや自社サイトのデータを提供する一方で、無料版は上位5件を見ることができるようになっています。

◉流入キーワードデータ

◉流入元データ

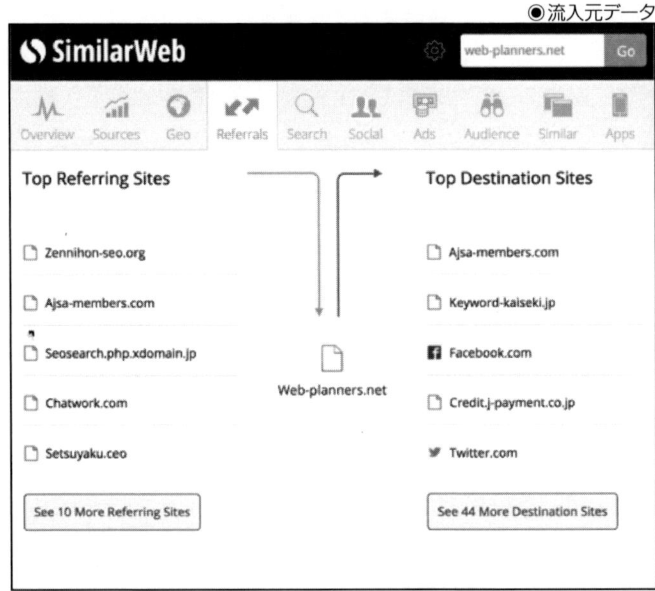

◉流入ソーシャルメディア

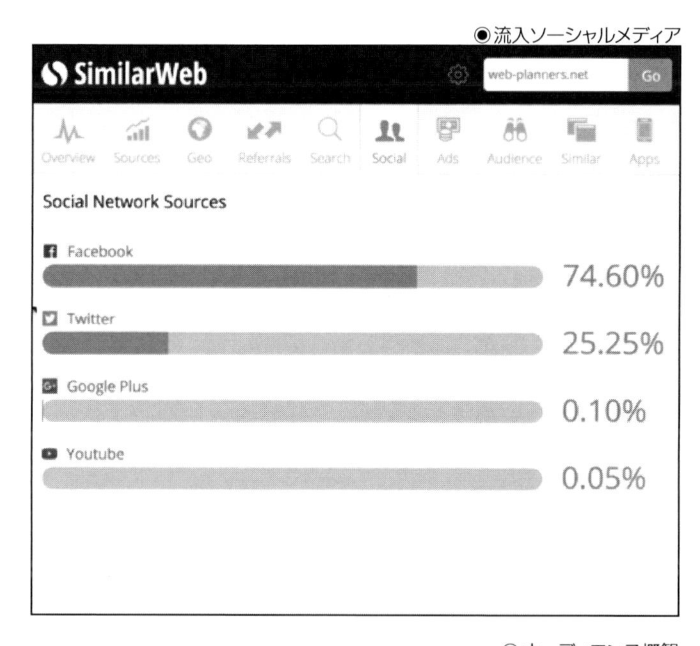

◉オーディエンス概観

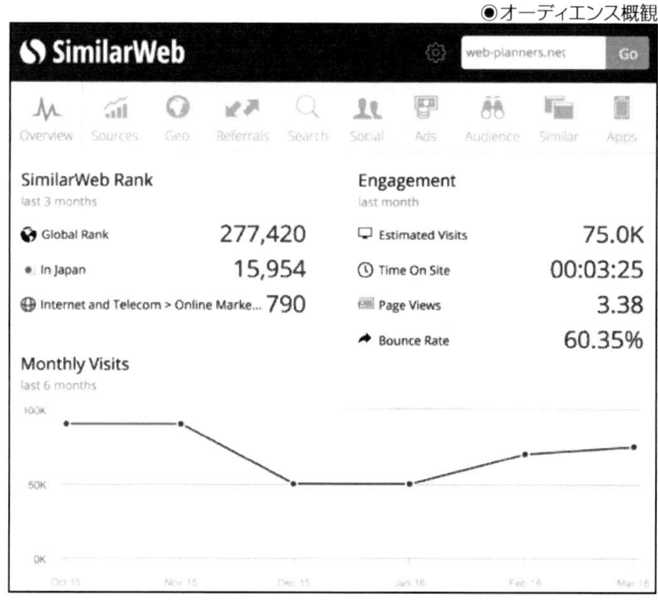

2-3 ◆ Ubersuggest

Ubersuggestは無料版、有料版があり、基本的にはシミラーウェブに近いデータを提供していますが、アクセス数が少ないサイトはシミラーウェブ以上にデータを見ることができないという短所があります。しかし、低料金で競合調査だけでなく、被リンク元調査、キーワード調査、サイト分析、検索順位測定などができるSEO入門者に最適なオールインワンのSEOツールです。

◉Ubersuggestで表示されるデータ例1

◉表計算ソフトのファイルでダウンロードしたデータ例

	A	B	C	D	E	F	G	H	I
1	楽天								
2	rakuten								
3	楽天 ブックス								
4	pcマックス								
5	スィーツ								
6	スイーツ								
7	お菓子								
8	パンツ								
9	パンプス								
10	ポロシャツ								
11	ベッドフレーム								
12	ジャージ								
13	キャディバッグ								
14	ケーキ								
15	ぶどう								
16	レモン								
17	くだもの								
18	メンズ 財布								
19	携帯ケース								
20	タンス								

●Ubersuggestで表示されるデータ例2

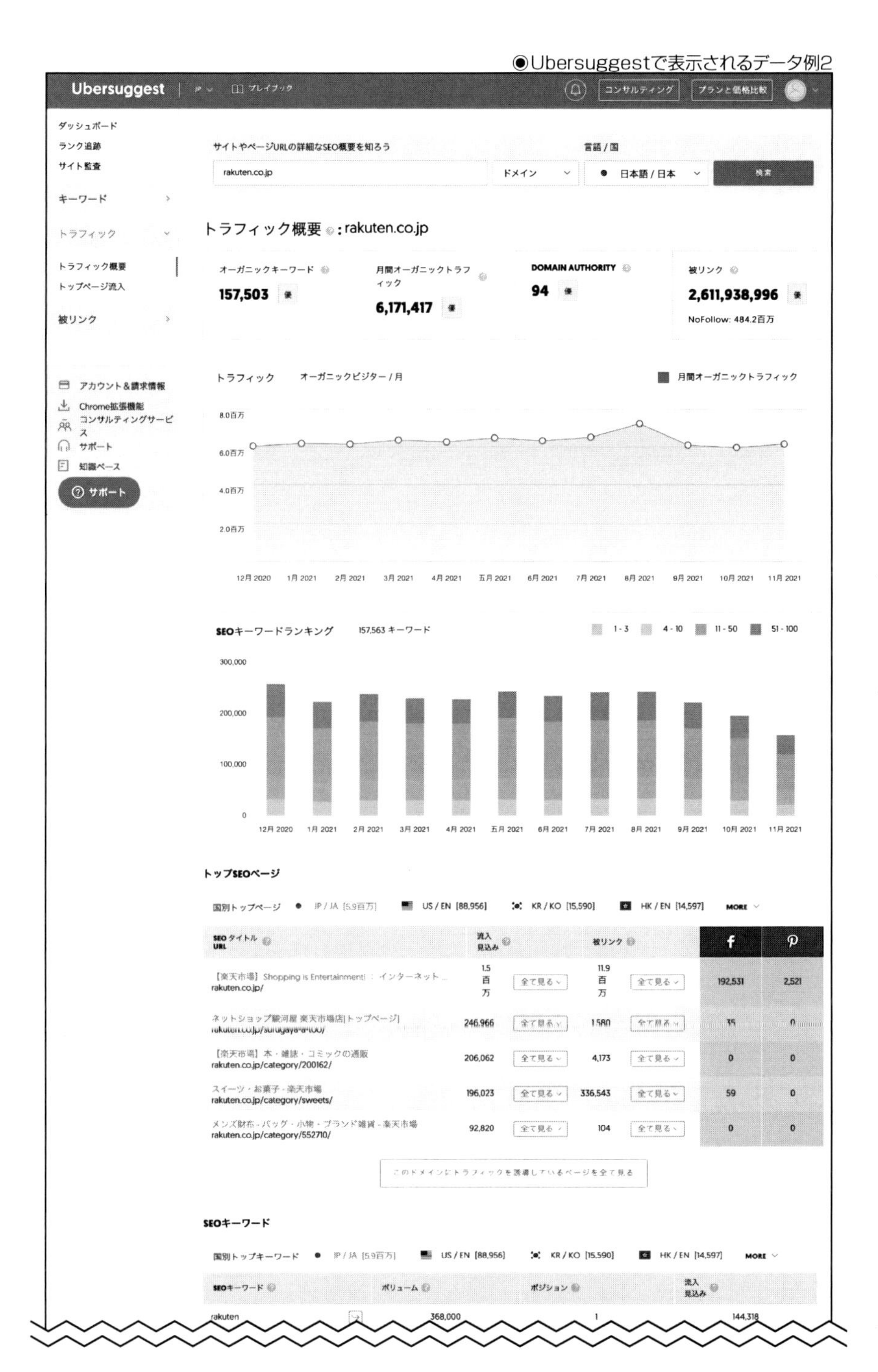

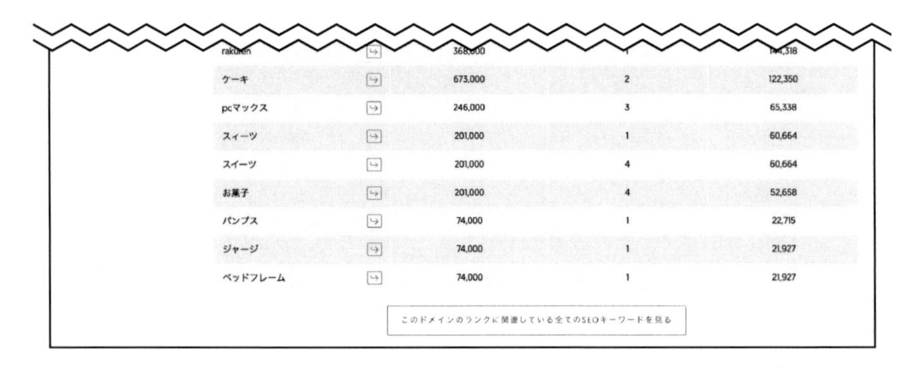

rakuten	↳	368,000	1	144,318
ケーキ	↳	673,000	2	122,350
pcマックス	↳	246,000	3	65,338
スィーツ	↳	201,000	1	60,664
スイーツ	↳	201,000	4	60,664
お菓子	↳	201,000	4	52,658
パンプス	↳	74,000	1	22,715
ジャージ	↳	74,000	1	21,927
ベッドフレーム	↳	74,000	1	21,927

このドメインのランクに関連している全てのSEOキーワードを見る

◉Ubersuggestで表示されるデータ例3

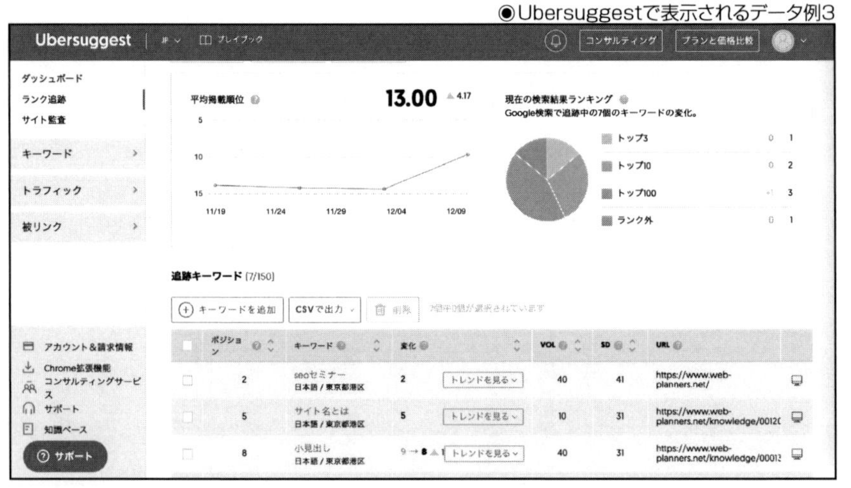

3 ツールで注目すべき5つの指標

このようにアクセス解析ツールと競合調査ツールの両方を活用することで、自社サイトの現状確認と目指すべき目標を設定することが可能になります。

この2つのツールを使い、上位表示を達成するために特に注目すべき点は次の5つの指標です。

(1)流入経路
(2)流入キーワード
(3)サイト滞在時間
(4)人気ページ
(5)ユーザー環境

4 流入経路

4-1 ◆ 流入経路とは?

流入経路とは、自社サイトにどこからユーザーがやってきたか、そのアクセス元のことをいいます。

たとえば、ホットペッパーというポータルサイトにお店の情報を載せてもらい、お店のサイトにリンクを張ってもらえばホットペッパーはお店のサイトにリンクを張っている被リンク元になります。

そして、そのリンクをクリックしてお店のサイトに実際にユーザーが訪問してくれたら、そのときはじめてホットペッパーはお店のサイトの流入元になります。

あるいはある人がFacebookの個人アカウントで自社サイトのことを紹介してくれて自社サイトにリンクを張ってくれ、1人以上のユーザーがリンクをクリックして自社サイトに来てくれたら、そのときはじめてFacebookは自社サイトの流入元になります。

このようにリンクを張るだけではなく、そのリンクをクリックして実際にリンク先にユーザーがサイトに移動することを「流入する」といいます。

4-2 ◆ Webマーケティングの成功とは?

Webマーケティング、つまりWebを使った集客の成功は流入元の数とそこからの流入数を最大化することです。

Webマーケティングの手段の1つであるSEOとは、流入元の1つ、それも非常に大きな1つである検索エンジンからの流入数を増やすことです。

そのためにこそ自社サイト内にあるさまざまなWebページの検索順位を引き上げて頻繁に検索ユーザーの目に入るようにするための施策が必要になり、その施策のことをSEOと呼びます。

確かに検索エンジンという大きな流入元からより多くのユーザーを自社サイトに流入させることは重要なことです。しかし、流入元は検索エンジンだけではありません。なぜならネットユーザーは検索エンジン以外にもさまざまなサイトで自分が探しているサイトを見つけることがあるからです。

より多くのサイト訪問者を獲得するためには、次の2つのことを目指す必要があります。

①流入元の数を増やす

検索エンジン以外にもなるべく多くのサイトの目立つ場所に掲載してもらい自社サイトにリンクを張ってもらいます。

②それぞれの流入元から流入数を増やす

検索エンジンに対してはSEOを実施してランキングの上位に表示してもらいます。その他のサイトに対してはサイトの目立つ場所に掲載してもらい、リンクをクリックしてもらうように推奨してもらいます。

本書の第3章で述べてきたようにGoogleはトラフィックが多いサイトの検索順位を高くする傾向があります。トラフィックを最大化するためにはまさにこの流入元の数を増やすことと、それらからの流入数を増やすことがSEOの成功に直結することにもなります。

4-3 ◆ 競合調査ツールでの流入元の見方

目標を設定する上で実際に上位表示しているサイトの流入元を調べるにはシミラーウェブ無料版のプラグインをGoogle Chromeブラウザか、Firefoxブラウザにインストールします。

- Google Chrome用プラグインダウンロード案内サイト

  URL https://chrome.google.com/webstore/detail/similarweb-traffic-rank-w/hoklmmgfnpapgjgcpechhaamimifchmp

- Firefox用プラグインダウンロード案内サイト

URL https://addons.mozilla.org/en-US/firefox/addon/similarweb-sites-recommendatio/

◉シミラーウェブ無料版の配布サイト(Chrome用)

◉シミラーウェブ無料版の配布サイト(Firefox用)

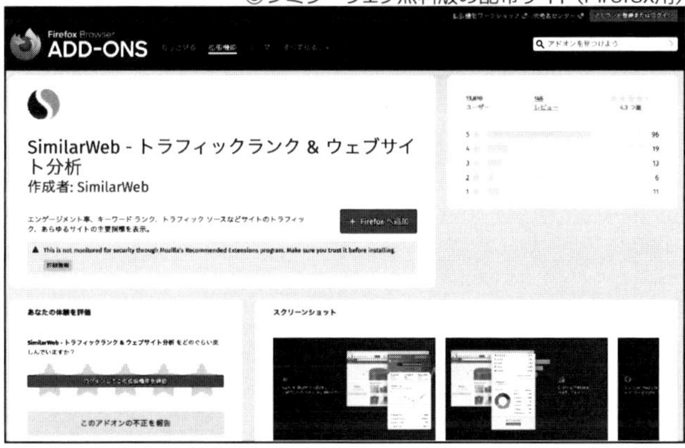

◉Google Chromeに設置されたボタン

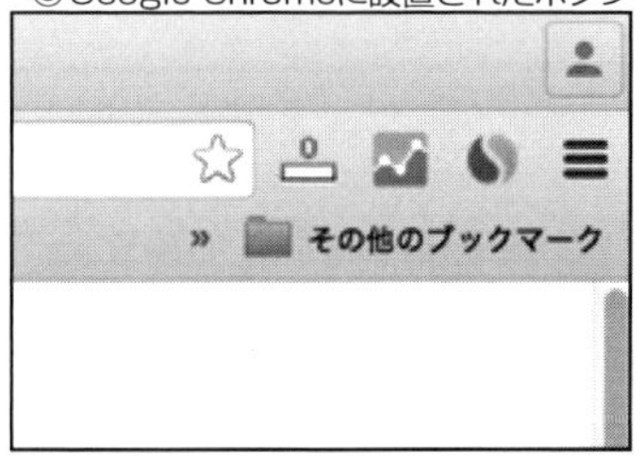

◉Firefoxに設置されたボタン

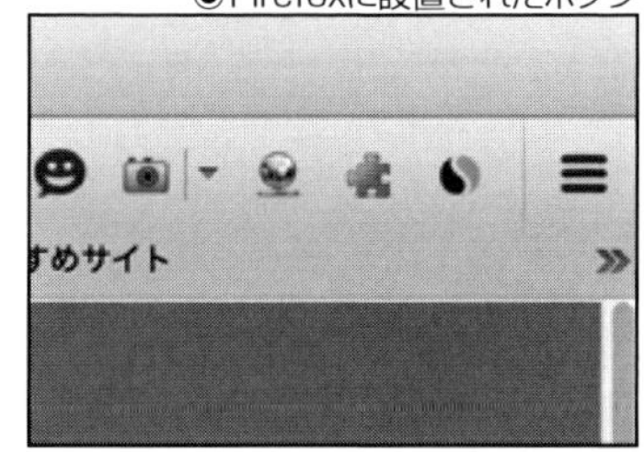

そしてそれをクリックするとブラウザで表示しているサイトのデータが表示されます。表示された画面のヘッダーにある「Sources」（流入元）というタブをクリックすると流入元データが表示されます。

◉シミラーウェブ無料版の月間訪問者数データ例

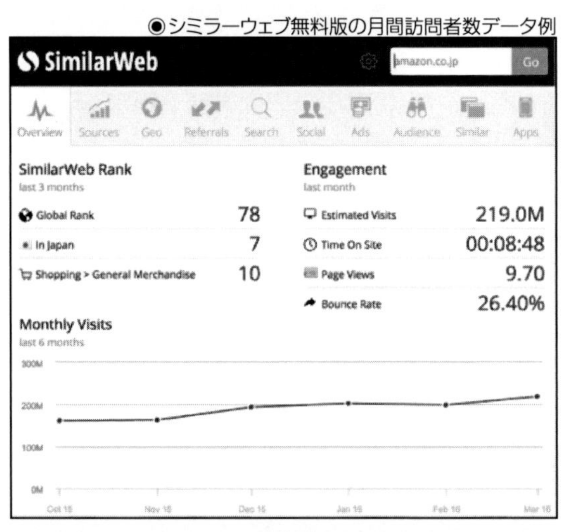

◉Googleアナリティクスの流入元内訳データ例

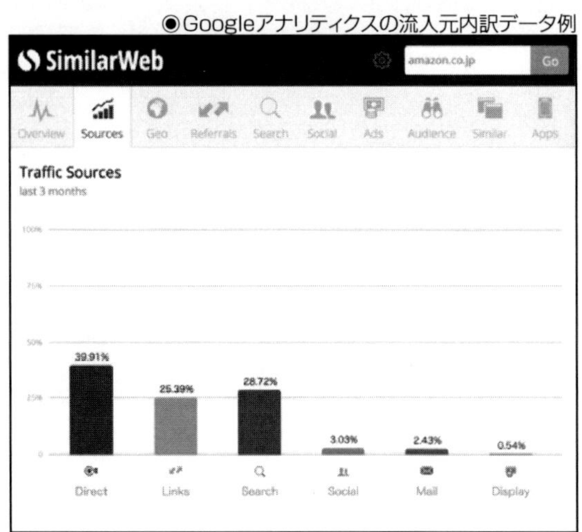

グラフは左から次のように表示されます。

項目	意味	内容
Direct	ダイレクト	ブラウザのブックマーク、またはお気に入りに入れていたものをクリックしたユーザーと、URL入力欄に直接URLを入力して訪問したユーザーの合計
Links	リンク	他サイトに張られているリンクをクリックして訪問したユーザーの合計
Search	サーチ	Google、Yahoo! JAPAN、Bingなどの検索エンジンの自然検索結果部分とリスティング広告をクリックして訪問したユーザーの合計
Social	ソーシャル	Facebook、Twitter、LINE公式アカウント、YouTubeなどのソーシャルメディア記事上のリンクをクリックして訪問したユーザーの合計
Mail	メール	ユーザー、顧客へ送信したメールに記載されたURLをクリックして訪問したユーザーの合計
Display	ディスプレイ広告	バナー広告や、リターゲティング広告などのディスプレイ広告のリンクをクリックして訪問したユーザーの合計

全訪問者数の何%がそれぞれの流入元からサイトに訪問したかが%の数字とグラフの高さによって知ることができます。

4-4 ◆ アクセス解析ツールでの流入元の見方

Googleアナリティクスで流入元を調べるためには管理画面の左サイドメニューの「集客」→「すべてのトラフィック」→「チャンネル」を選択します。

◉Googleアナリティクスの流入元内訳データ例

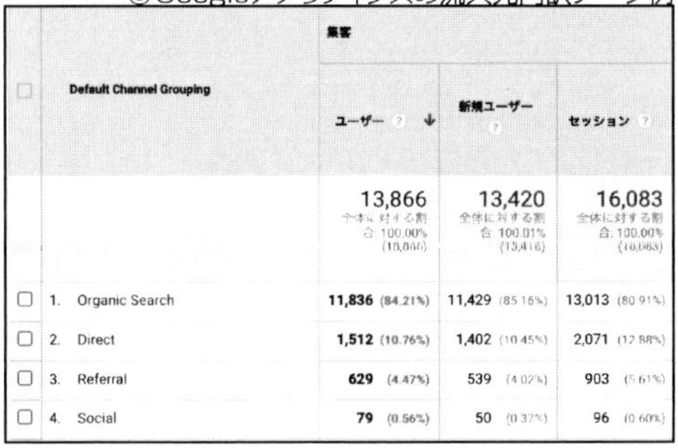

Default Channel Grouping	集客 ユーザー	新規ユーザー	セッション
	13,866 全体に対する割合: 100.00% (13,866)	13,420 全体に対する割合: 100.01% (13,418)	16,083 全体に対する割合: 100.00% (16,083)
1. Organic Search	11,836 (84.21%)	11,429 (85.16%)	13,013 (80.91%)
2. Direct	1,512 (10.76%)	1,402 (10.45%)	2,071 (12.88%)
3. Referral	629 (4.47%)	539 (4.02%)	903 (5.61%)
4. Social	79 (0.56%)	50 (0.37%)	96 (0.60%)

4つの流入元が表示されます。流入が多いものが上から順番に表示されます。

項目	意味	内容
Organic Search	オーガニックサーチ（自然検索）	Google、Yahoo! JAPAN、Bingなどの検索エンジンの自然検索結果部分をクリックして訪問したユーザーの合計。シミラーウェブの「Search」に該当
Social	ソーシャル	Facebook、Twitter、LINE公式アカウント、YouTubeなどのソーシャルメディア記事上のリンクをクリックして訪問したユーザーの合計。シミラーウェブの「Social」に該当
Direct	ダイレクト	ブラウザのブックマーク、またはお気に入りに入れていたものをクリックしたユーザーと、URL入力欄に直接URLを入力して訪問したユーザーの合計。表示項目をカスタマイズしない限りさらにメールからの流入も含まれる。シミラーウェブの「Direct」と「Mail」メールに該当
Referral	参照元	他サイトに掲載されているリンクをクリックして訪問したユーザーの合計。シミラーウェブの「Links」に該当

特に表示項目をカスタマイズしない限り、上記の4つの流入元が表示されます。さらに細かく流入元を設定する場合は、管理画面の「チャンネル設定」という項目で図のように流入元の種類をカスタマイズすることができます。

◉流入元の種類のカスタマイズ

1. Referral	22,433(47.85%)
2. Organic Search	11,105(23.69%)
3. Direct	7,063(15.07%)
4. Paid Search	4,812(10.26%)
5. Display	1,214(2.59%)
6. Social	247(0.53%)
7. (Other)	7(0.01%)

4-5 ◆ 流入元の7つの診断ポイント

競合調査ツール（シミラーウェブ）とアクセス解析ツール（Googleアナリティクス）の流入元を見てどこをどのように見たらいいのかは、少なくとも次の7つのポイントがあります。

①流入メディアのバランスがいいか？

サーチだけに偏っていないか、ソーシャルがまったくないのではないか、ダイレクトが少な過ぎないか、Referralは多いかなどをチェックします。

何か特定の流入元に偏っていて、他の流入元からの流入がない場合は、トラフィックを増やす余地がたくさんあるということを意味します。なぜなら、まったく流入のない流入元は何も手を打っていないことがほとんどだからです。そうした場合は、少しでもその流入元からの流入を増やすための対策をすればそれだけサイトへのトラフィックが増えます。

反対に、打てる対策のすべてをすでに行っている場合はどの流入元もゼロということはありません。

次の図は日本のAmazonの全体の流入元をシミラーウェブで調べたデータです。

◉シミラーウェブ無料版の流入元の内訳の例

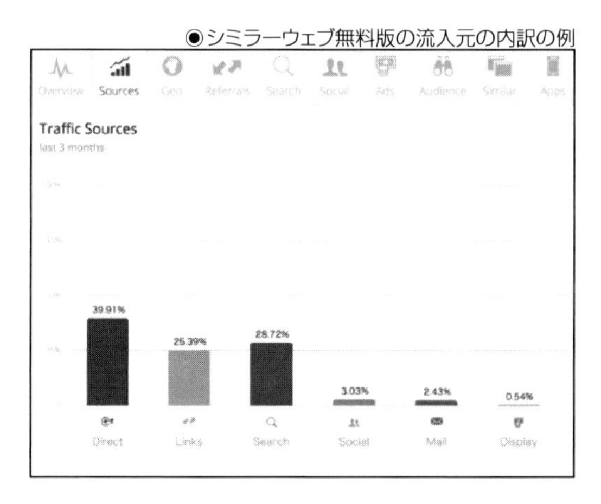

ご覧のように左から、Direct（ダイレクト）、Links（リンク）、Search（サーチ）、Social（ソーシャル）、Mail（メール）、Display（ディスプレイ）のすべての流入元からの流入があり、0%というのは1つもありません。これは流入の可能性がある流入元を増やす努力を行っているという証拠です。その結果もあり、日本のAmazonは年々、売り上げを増やし、抜群の知名度を誇るまでに成功しています。

②ダイレクトが多いか？

たくさんのトラフィックを獲得して売り上げも多いサイトほど、その流入元データを見るとダイレクトの比率が多い傾向があります。

◉シミラーウェブで見たDirect

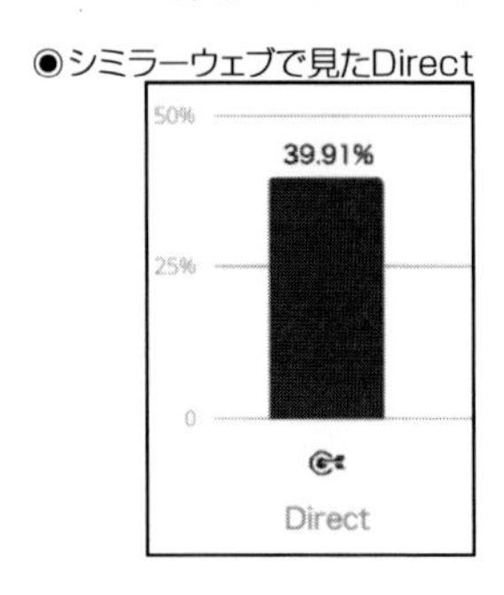

◉Googleアナリティクスで見たDirect

Default Channel Grouping	集客		
	ユーザー	新規ユーザー	セッション
	13,866 全体に対する割合: 100.00% (13,866)	13,420 全体に対する割合: 100.01% (13,418)	16,083 全体に対する割合: 100.00% (16,083)
1. Organic Search	11,836 (84.21%)	11,429 (85.16%)	13,013 (80.91%)
2. Direct	1,512 (10.76%)	1,402 (10.45%)	2,071 (12.88%)
3. Referral	629 (4.47%)	539 (4.02%)	903 (5.61%)
4. Social	79 (0.56%)	50 (0.37%)	96 (0.60%)

その理由は、知名度が高いサイトほど再度サイトを訪問したくなる魅力があり、忘れないようにユーザー達が使うブラウザのブックマークやお気に入りに登録をするからです。

そして、再度、訪問したくなったら検索エンジンで検索しなくても、ブラウザのブックマークやお気に入りをクリックすることですぐにユーザーはそのサイトを訪問することができます。

◉ブックマーク機能の例

また、PR力が高い企業ほど覚えやすいドメイン名を取得します。なぜなら覚えやすいドメインならユーザーがドメイン名を記憶してくれて訪問したくなったらユーザーのブラウザのURL入力欄に直接「amazon.co.jp」というようにドメイン名を入力する傾向があるからです。さらには、この行動を促すためにテレビCMやその他広告物、そして配送用のダンボールにまで「amazon.co.jp」というドメイン名を載せて記憶を強化する努力をしています。

最近のブラウザは文字を途中までタイプするとその後の文字を予測するのでブラウザのURL入力欄に「ama」と入れるだけで「amazon.co.jp」と自動的に表示されることも、この手法を助けるようになっています。

◉ブラウザのURL入力欄

こうしたさまざまなPR努力をすることと、何よりも差別化されたサービスや圧倒的な価値のある商品を提供することにより流入元データにおける「ダイレクト」の比率は高くなります。

反対に、こうしたPR努力をほとんどしない企業や、提供する商品やサービスの価値が低い企業の流入元データにあるダイレクトの比率は限りなく0%に近くなってしまいます。

こうした理由により、流入元データにおけるダイレクトの比率が高いかどうかがそのサイトの実力を示す数値なのです。

自社サイトのダイレクトの比率が低い場合は、いうまでもなくPR努力と商品・サービスの改善が求められます。そして、ダイレクトの比率が高い競合他社のサイトを競合分析ツールを使って発見し、そのサイトがどのような施策を行っているのか、サイトのさまざまなページを注意深く観察して、自社サイトに取り入れられそうなものは取り入れるようにするべきです。

また、時にはそれら競合サイトで商品を実際に申し込んでみて商品の質の確認とサービス体制の質を確かめることも自社のPR力を高めるための有効な手段となります。

③ソーシャルが多いか?

近年上位表示しているサイトの特徴の1つがソーシャルメディアを活用していることです。

競合他社の流入元データを見たときにソーシャルの数値が高い場合はその企業がソーシャルメディアをしっかりと活用しているという証拠になります。その場合、シミラーウェブの「Social」というタブをクリックして具体的にどのソーシャルメディアを活用しているかの内訳を見ましょう。そして実際に彼らのソーシャルメディアページを観察してどのようなコンテンツをソーシャルメディアで発信しているかを知り、自社でできることはないか研究してください。そこからその業界で有効なソーシャルメディア活用法が見つかることがあります。

◉シミラーウェブで見たSocial

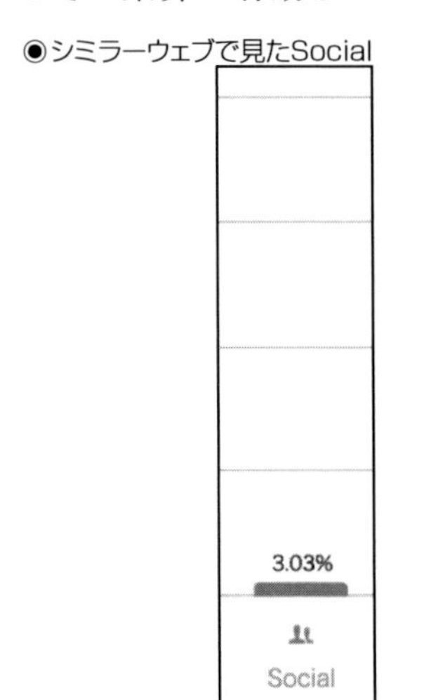

◉シミラーウェブで見たSocialの詳細

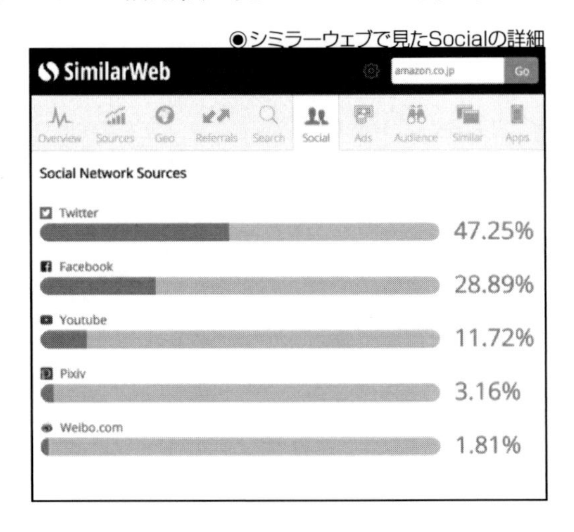

一方、Googleアナリティクスの「Social」のほうは、自社が取り組んでいるソーシャルメディア活用がどのくらいの成果を上げているかを確認することができます。次の図はサイトの全訪問者のうち、29.46%がソーシャルメディアから流入していることを示すデータです。全訪問者のうち、3分の1近くの訪問者がソーシャルメディアページから来たことがわかります。

◉Googleアナリティクスで見たSocial

	Default Channel Grouping	集客		
		セッション ↓	新規セッション率	新規ユーザー
		5,434 全体に対する割合: 100.00% (5,434)	56.09% ビューの平均: 56.07% (0.03%)	3,048 全体に対する割合: 100.03% (3,047)
	1. Organic Search	1,869 (34.39%)	75.12%	1,404 (46.06%)
	2. Social	1,601 (29.46%)	47.10%	754 (24.74%)
	3. Direct	1,070 (19.69%)	53.08%	568 (18.64%)
	4. Referral	894 (16.45%)	36.02%	322 (10.56%)

さらに「Social」という部分をクリックすると、次の図のようにその内訳と過去の流入の伸びをグラフで見ることができます。

◉Googleアナリティクスで見たSocialの詳細

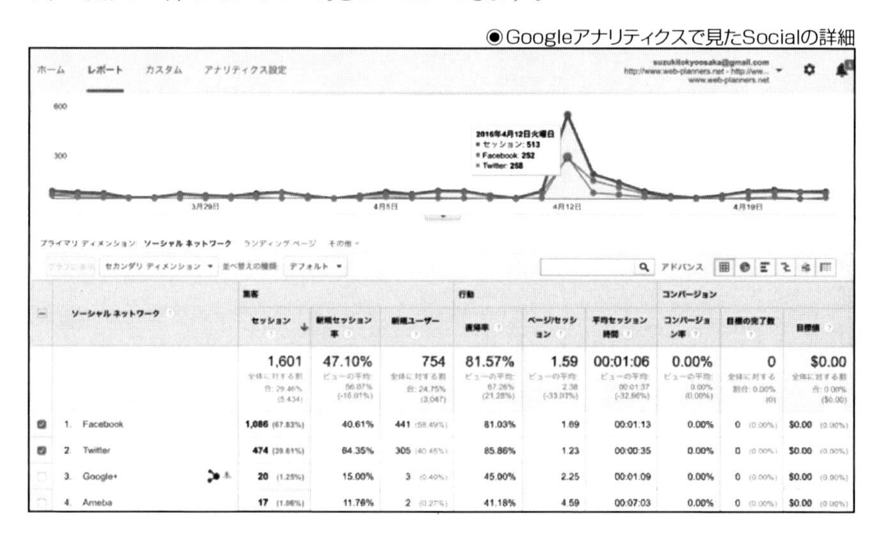

	ソーシャル ネットワーク	集客			行動			コンバージョン		
		セッション ↓	新規セッション率	新規ユーザー	直帰率	ページ/セッション	平均セッション時間	コンバージョン率	目標の完了数	目標値
		1,601 全体に対する割合: 29.46% (5,434)	47.10% ビューの平均: 56.07% (-16.01%)	754 全体に対する割合: 24.75% (3,047)	81.57% ビューの平均: 67.26% (21.28%)	1.59 ビューの平均: 2.38 (-33.03%)	00:01:06 ビューの平均: 00:01:37 (-32.86%)	0.00% ビューの平均: 0.00% (0.00%)	0 全体に対する割合: 0.00% (0)	$0.00 全体に対する割合: 0.00% ($0.00)
☑	1. Facebook	1,086 (67.83%)	40.61%	441 (58.49%)	81.03%	1.69	00:01:13	0.00%	0 (0.00%)	$0.00 (0.00%)
☑	2. Twitter	474 (29.61%)	64.35%	305 (40.45%)	85.86%	1.23	00:00:35	0.00%	0 (0.00%)	$0.00 (0.00%)
	3. Google+	20 (1.25%)	15.00%	3 (0.40%)	45.00%	2.25	00:01:09	0.00%	0 (0.00%)	$0.00 (0.00%)
	4. Ameba	17 (1.06%)	11.76%	2 (0.27%)	41.18%	4.59	00:07:03	0.00%	0 (0.00%)	$0.00 (0.00%)

これによりFacebook、Twitter、YouTubeなどのソーシャルメディア記事上のリンクをクリックして訪問したユーザーが順調に増えているか、経過を知ることができます。増えていないのなら、発信する記事は適切かや、リンク先のページには魅力的なコンテンツがあるかなどを見直しましょう。

④メールがゼロではないか?

メールマガジンを発行しているとメールの記事内にあるURLをクリックするサイト訪問者が増えます。メールからの流入が多い企業ほどサイト訪問者が多く、業績も良い傾向にあります。反対にメールマガジンを出さずに顧客フォローを怠っているところほどサイト訪問者の数が少なく、リピート購入が増えないために業績も低い傾向にあります。

すでにメールマガジンを発行して既存客に配信している場合でも、その頻度は高いか、記事内容の品質は十分な水準に達しているか、
記事内のURLをクリックする動機付けがあるかなど、改善するようにしてください。

◉シミラーウェブで見たMail

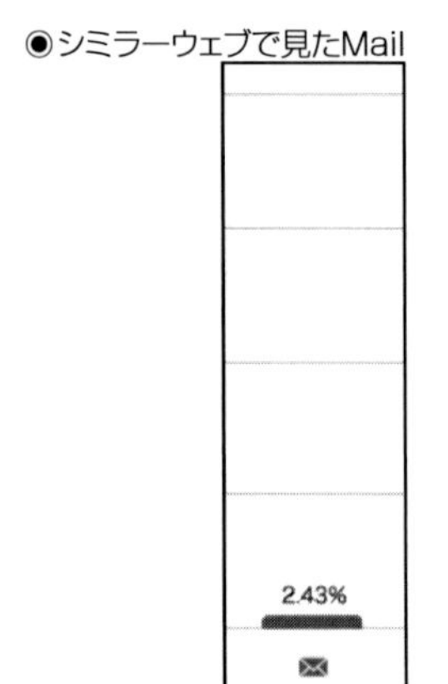

◉メールマガジン記事内のURL

A>>>
ありがとうございます。ヤフーの地図に載るためには通常ヤフー地図の情報源のポ ータルサイトに載り、かつそこでレビューが無いよりもある方が評価が高まります。

対策としてはPC版ヤフーの地図を見てリンクをクリックして情報源が公表されてい るかを見て、されていてリンクも貼っていたらそのリンクを辿ってそのポータルサ イトに掲載の依頼をして１件で良いので先ず他人にレビューを書いてもらうことです。

4、ご質問・ご意見の募集について ――――――――――――

セミナー参加者様よりのご質問・ご意見をお待ちしております。売り上げアッ プのためのこと、GoogleのことでもYahoo!JAPANその他検索エンジンのことで もご質問お寄せ下さい。

このサポートニュースの主役はあなた自身です。
皆さんのご質問・ご意見は皆さんご自身だけではなく、他の方たちのプラスに なることですのでその方たちのためにもどうかお寄せ下さい。 ご質問フォームをご用意いたしましたので詳細は：
http://www.web-planners.net/webplanners_question.html
をご覧下さい。ご質問お待ちしております。

⑤ディスプレイがゼロではないか?

ディスプレイ広告はリスティング広告ほどの効果は通常ありませんが、リスティング広告と比べると比較的低予算で広告を出稿できます。そのため、他の流入元の伸びしろがもうほとんどない場合はディスプレイ広告を出稿してトラフィックを増やすことも選択肢の1つとなります。

◉シミラーウェブで見たDisplay　　◉ディスプレイ広告の例

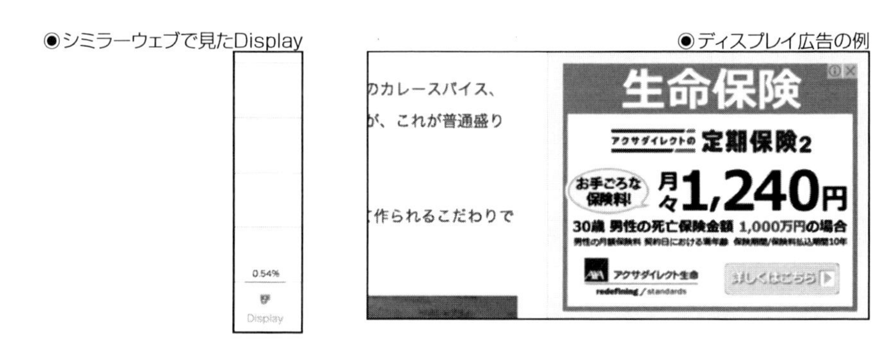

⑥流入元サイトが自社運営サイトばかりではないか？　自社運営サイトがランキング上位でないか？

検索エンジンとソーシャルメディア以外の一般のサイトからの流入がどの程度あるのかを知ることは非常に重要なことです。

シミラーウェブでは「Links」の項目を、Googleアナリティクスでは「Referral」の項目を見ると、どのサイトからリンクが張られていて訪問者が流入しているかがわかります。

◉シミラーウェブで見たLinks

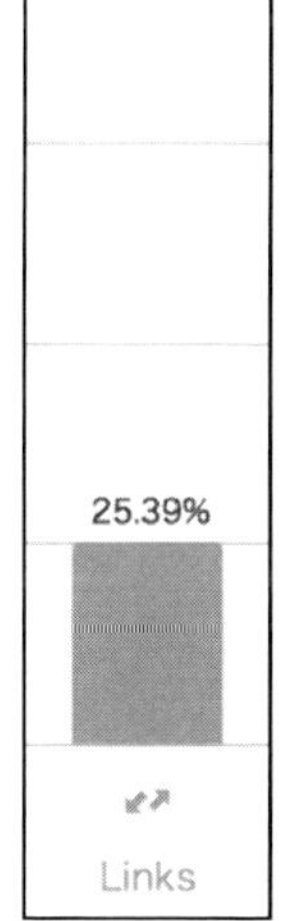

◉シミラーウェブで見たLinksの詳細

◉GoogleアナリティクスでみたReferral

Default Channel Grouping	集客 セッション		
	セッション	新規セッション率	新規ユーザー
	5,434 全体に対する割合: 100.00% (5,434)	56.09% ビューの平均: 56.07% (0.03%)	3,048 全体に対する割合: 100.03% (3,047)
1. Organic Search	1,869 (34.39%)	75.12%	1,404 (46.06%)
2. Social	1,601 (29.46%)	47.10%	754 (24.74%)
3. Direct	1,070 (19.69%)	53.08%	568 (18.64%)
4. Referral	894 (16.45%)	36.02%	322 (10.56%)

◉GoogleアナリティクスでみたReferralの詳細

参照元	集客			行動
	セッション	新規セッション率	新規ユーザー	直帰率
	894 全体に対する割合: 16.45% (5,434)	36.02% ビューの平均: 56.07% (-35.77%)	322 全体に対する割合: 10.57% (3,047)	44.85% ビューの平均: 67.26% (-33.31%)
1. zennihon-seo.org	507 (56.71%)	41.81%	212 (65.84%)	41.42%
2. ajsa-members.com	163 (18.23%)	8.59%	14 (4.35%)	33.13%
3. credit.j-payment.co.jp	58 (6.49%)	0.00%	0 (0.00%)	41.38%
4. share-button.xyz	29 (3.24%)	100.00%	29 (9.01%)	100.00%
5. search.nifty.com	20 (2.24%)	10.00%	2 (0.62%)	95.00%
6. keyword-kaiseki.jp	15 (1.68%)	73.33%	11 (3.42%)	46.67%
7. web-planners.net	15 (1.68%)	0.00%	0 (0.00%)	20.00%
8. tsns.k-ponget.com	13 (1.45%)	92.31%	12 (3.73%)	92.31%
9. seosearch.php.xdomain.jp	12 (1.34%)	83.33%	10 (3.11%)	75.00%
10. blog.livedoor.jp	7 (0.78%)	57.14%	4 (1.24%)	57.14%
11. s.ameblo.jp	6 (0.67%)	16.67%	1 (0.31%)	16.67%
12. ipkoffice-sv.city.sumoto.hyogo.jp	5 (0.56%)	40.00%	2 (0.62%)	80.00%
13. hebrakaela.com	4 (0.45%)	50.00%	2 (0.62%)	75.00%

人気サイトほど他社サイトからの流入が多いものです。反対に、人気のないサイトほど他社はリンクを張ってくれないため、自社が運営している他のドメインのサイトからの流入ばかりに依存しています。

自社運営サイトが流入元サイトのランキング上位だということは、自社の実力以下のサイトからしか紹介してもらえていないということを意味します。

⑦流入元サイトの数が競合他社よりも多いか？

人気サイトほどより多くの他社サイトが紹介してくれます。反対に、人気のないサイトほどわずかな数の他社サイトからしか紹介してもらえません。自社のサイトがどのようなサイトから流入しているかはGoogleアナリティクスの左サイドメニューの「集客」→「すべてのトラフィック」→「チャンネル」→「Referral」で見ることができます。

◉GoogleアナリティクスでみたReferralの項目

	参照元	集客			行動
		セッション	新規セッション率	新規ユーザー	直帰率
		894 全体に対する割合: 16.45% (5,434)	36.02% ビューの平均: 56.07% (-35.77%)	322 全体に対する割合: 10.57% (3,047)	44.85% ビューの平均: 67.26% (-33.31%)
1.	zennihon-seo.org	507 (56.71%)	41.81%	212 (65.84%)	41.42%
2.	ajsa-members.com	163 (18.23%)	8.59%	14 (4.35%)	33.13%
3.	credit.j-payment.co.jp	58 (6.49%)	0.00%	0 (0.00%)	41.38%
4.	share-button.xyz	29 (3.24%)	100.00%	29 (9.01%)	100.00%
5.	search.nifty.com	20 (2.24%)	10.00%	2 (0.62%)	95.00%
6.	keyword-kaiseki.jp	15 (1.68%)	73.33%	11 (3.42%)	46.67%
7.	web-planners.net	15 (1.68%)	0.00%	0 (0.00%)	20.00%
8.	tsns.k-ponget.com	13 (1.45%)	92.31%	12 (3.73%)	92.31%
9.	seosearch.php.xdomain.jp	12 (1.34%)	83.33%	10 (3.11%)	75.00%
10.	blog.livedoor.jp	7 (0.78%)	57.14%	4 (1.24%)	57.14%
11.	s.ameblo.jp	6 (0.67%)	16.67%	1 (0.31%)	16.67%
12.	ipkoffice-sv.city.sumoto.hyogo.jp	5 (0.56%)	40.00%	2 (0.62%)	80.00%
13.	[illegible]	[illegible] (0.45%)	50.00%	[illegible] (0.62%)	75.00%
14.	яндех-херня.рф	4 (0.45%)	0.00%	0 (0.00%)	75.00%
15.	icloud.com	3 (0.34%)	66.67%	2 (0.62%)	0.00%
16.	chatwork.com	2 (0.22%)	0.00%	0 (0.00%)	0.00%
17.	expocity-mf.com	2 (0.22%)	0.00%	0 (0.00%)	100.00%
18.	jp.hao123.com	2 (0.22%)	50.00%	1 (0.31%)	0.00%
19.	kenteinanido.com	2 (0.22%)	100.00%	2 (0.62%)	50.00%
20.	mail.nifty.com	2 (0.22%)	0.00%	0 (0.00%)	50.00%
21.	seminar-channel.net	2 (0.22%)	50.00%	1 (0.31%)	50.00%
22.	setsuyaku.ceo	2 (0.22%)	100.00%	2 (0.62%)	100.00%
23.	suzukimasashi.com	2 (0.22%)	50.00%	1 (0.31%)	50.00%
24.	192.168.20.18	1 (0.11%)	0.00%	0 (0.00%)	0.00%
25.	a.hatena.ne.jp	1 (0.11%)	100.00%	1 (0.31%)	100.00%
26.	f-j-r.com	1 (0.11%)	100.00%	1 (0.31%)	100.00%
27.	hanasakigani.jp	1 (0.11%)	100.00%	1 (0.31%)	100.00%
28.	izito.jp	1 (0.11%)	0.00%	0 (0.00%)	100.00%
29.	jp.mg5.mail.yahoo.co.jp	1 (0.11%)	100.00%	1 (0.31%)	100.00%
30.	lblevery.com	1 (0.11%)	100.00%	1 (0.31%)	0.00%
31.	m-n.com	1 (0.11%)	100.00%	1 (0.31%)	0.00%

競合調査ツールのシミラーウェブでは無料版では流入元上位5サイトを、有料版のPROは利用料金に応じて上位500サイト～を見ることができます。

◉シミラーウェブ無料版で見たlinks

◉シミラーウェブPROで見たlinks

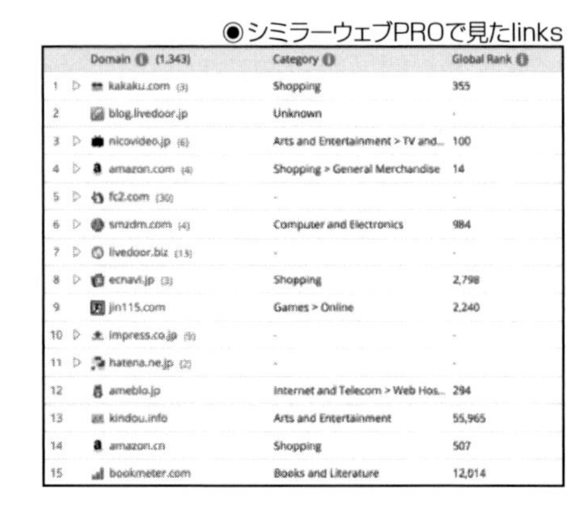

	Domain (1,343)	Category	Global Rank
1	kakaku.com (3)	Shopping	355
2	blog.livedoor.jp	Unknown	-
3	nicovideo.jp (6)	Arts and Entertainment > TV and...	100
4	amazon.com (4)	Shopping > General Merchandise	14
5	fc2.com (30)	-	-
6	smzdm.com (4)	Computer and Electronics	984
7	livedoor.biz (13)	-	-
8	ecnavi.jp (3)	Shopping	2,798
9	jin115.com	Games > Online	2,240
10	impress.co.jp (9)	-	-
11	hatena.ne.jp (2)	-	-
12	ameblo.jp	Internet and Telecom > Web Hos...	294
13	kindou.info	Arts and Entertainment	55,965
14	amazon.cn	Shopping	507
15	bookmeter.com	Books and Literature	12,014

Googleアナリティクスで表示される参照元=流入元の数が増えている傾向にあるかどうかをチェックして、増えていないようなら他社からリンクを張ってもらうために、サイト内のコンテンツの充実とリンクを張ってもらう交渉やPR活動に力を入れる必要があります。

他社のサイトからの流入を増やすためにはリンクを張ってもらう必要があります。しかし、流入をもたらすほどのリンクを張ってもらうためには、リンク先である自社サイトの内容の充実、つまりリンクするに値するコンテンツを自社サイトに増やす必要があります。

コンテンツの充実の具体的な方法は本書の第1章を、リンク対策については第2章を参照して少しでも多くの流入元(参照元)を増やす努力を怠らないようにしてください。

 流入キーワード

5-1 ◆ 流入キーワードとは?

流入キーワードとは、GoogleやYahoo! JAPANなどの検索エンジンでユーザーが検索して自社サイトへの訪問に至ったキーワードのことをいいます。

たとえば、あるユーザーがGoogleで「家具 通販」で検索し、検索結果ページ上に表示されている自社サイトへのリンクをクリックして自社サイトに訪問してくれた場合、「家具 通販」が自社サイトの流入キーワードになります。

5-2 ◆ 競合調査ツールでの流入キーワードの調べ方

競合調査ツールのシミラーウェブ無料版の「Search」というタブをクリックすると、左側に自然検索結果からの流入キーワードが、右側にリスティング広告からの流入キーワードがそれぞれ5件ずつ表示されます(有料版は料金に応じて500件〜表示されます)。

◉シミラーウェブ無料版で見た自然検索結果からとリスティング広告からの流入キーワード

Overview Sources Geo Referrals Search Social Ads Audience Similar Apps

Top Organic Keywords	Top Paid Keywords
ベルリッツ	英会話
Berlitz	Beruritttu
電話 英語	英語発音 学校
英語 電話	英会話レッスン
検討のテーブル	1位 ベルリッツ
See 1,644 More Organic Keywords	See 94 More Paid Keywords

●シミラーウェブ有料版で見た自然検索結果からとリスティング広告からの流入キーワード

	Search terms 3,056	Traffic share	Change	Organic VS Paid		Volume	CPC
1	ベルリッツ	19.85%	↑ 42.66%	100.00%	0.00%	13,900	$2.73
2	berlitz	3.38%	↓ -44.06%	100.00%	0.00%	70,830	$0.24
3	電話 英語	3.06%	↑ 15.44%	100.00%	0.00%	5,620	$5.36
4	英語 電話	2.71%	↑ 3.49%	100.00%	0.00%	2,520	$3.59
5	英会話	2.46%	↑ 124.09%	2.23%	97.77%	59,040	$7.75
6	berlitz japan	0.77%	↓ -49.46%	100.00%	0.00%	800	$1.3
7	自己紹介 英語 ビ...	0.76%	↑ 2,706.69%	100.00%	0.00%	0	N/A
8	fill in fill out	0.66%	↑ 524.27%	100.00%	0.00%	880	N/A
9	英語 自己紹介 ビ...	0.63%	↑ 1,858.95%	100.00%	0.00%	1,600	$9.16

競合他社の流入キーワードを知る意味はとても大きなことです。なぜなら競合他社がその流入キーワードで検索ユーザーを自社サイトに誘導しているということがわかり、同じキーワードで自社サイト内のページを上位表示させるようにSEOをすることで自社サイトにも同じキーワードで検索するユーザーを誘導することが可能になるからです。

本来、どのキーワードで上位表示すれば検索ユーザーを自社サイトに誘導できるかは予測が困難なことでしたが、競合調査ツールの流入キーワードを見ることによってそれがはっきりとわかるようになったということはSEOの世界では画期的なことです。

さまざまなキーワードで上位表示している競合他社の流入キーワードを調べて自社サイトの目標キーワードを増やし、トラフィックを増やすことを目指すようにしてください。

5-3 ◆ アクセス解析ツールでの流入キーワードの調べ方

Googleアナリティクスで自社サイトの流入キーワードを調べるには左サイドメニューの「集客」→「すべてのトラフィック」→「チャンネル」を選択して表示される画面にある「Organic Search」(自然検索)をクリックします。

◉Googleアナリティクスで見たOrganic Search

Default Channel Grouping	集客		
	ユーザー	新規ユーザー	セッション
	13,866 全体に対する割合: 100.00% (13,866)	13,420 全体に対する割合: 100.01% (13,418)	16,083 全体に対する割合: 100.00% (16,083)
1. Organic Search	11,836 (84.21%)	11,429 (85.16%)	13,013 (80.91%)
2. Direct	1,512 (10.76%)	1,402 (10.45%)	2,071 (12.88%)
3. Referral	629 (4.47%)	539 (4.02%)	903 (5.61%)
4. Social	79 (0.56%)	50 (0.37%)	96 (0.60%)

そうすると次の図のように検索エンジンの自然検索結果からの流入キーワードを見ることができます。

◉Googleアナリティクスで見たOrganic Searchの詳細

キーワード	集客			行動		
	ユーザー	新規ユーザー	セッション	直帰率	ページ/セッション	平均セッション時間
	11,836 全体に対する割合: 85.36% (13,866)	11,429 全体に対する割合: 85.18% (13,418)	13,013 全体に対する割合: 80.91% (16,083)	88.42% ビューの平均: 82.58% (7.07%)	1.28 ビューの平均: 1.56 (-17.80%)	00:00:37 ビューの平均: 00:00:51 (-27.66%)
1. (not provided)	11,741 (99.12%)	11,326 (99.10%)	12,902 (99.15%)	88.38%	1.28	00:00:37
2. (not set)	7 (0.06%)	7 (0.06%)	7 (0.05%)	85.71%	1.14	00:00:19
3. ワンストップソリューション	4 (0.03%)	4 (0.03%)	4 (0.03%)	100.00%	1.00	00:00:00
4. ワンストップソリューションとは	2 (0.02%)	2 (0.02%)	2 (0.02%)	100.00%	1.00	00:00:00
5. 見出し 小見出し	2 (0.02%)	2 (0.02%)	2 (0.02%)	100.00%	1.00	00:00:00

流入キーワードランキングの1位が「not provided」と表示されているところの内訳は本章の冒頭で解説したサーチコンソールにある検索パフォーマンスを使うと見ることができます。

◉Googleアナリティクス内の流入キーワードランキングで1位に表示される「not provided」

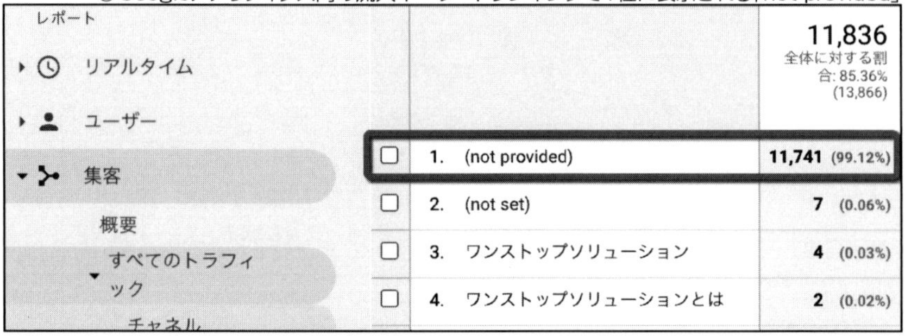

レポート
リアルタイム
ユーザー
集客
概要
すべてのトラフィック
チャネル

		11,836 全体に対する割合: 85.36% (13,866)
1.	(not provided)	11,741 (99.12%)
2.	(not set)	7 (0.06%)
3.	ワンストップソリューション	4 (0.03%)
4.	ワンストップソリューションとは	2 (0.02%)

◉「not provided」に含まれるGoogleからの流入キーワードデータ

検索パフォーマンス　エクスポート

検索タイプ: ウェブ　日付: 過去 3 か月間　＋ 新規　最終更新日: 8 時間前

クエリ　ページ　国　デバイス　検索での見え方　日付

上位のクエリ	クリック数
大見出し 中見出し 小見出し	200
メタディスクリプション 書き方	198
ワンストップソリューション	143
中見出し	138
google インデックスされるまでの時間	106
ドメイン貸し	106
見出し 小見出し	96

5-4 ◆ 流入キーワードの4つの診断ポイント

このようにして流入キーワードのデータを取得した後、サイトのトラフィックを増やすためには流入キーワードのどこを見ればよいかという診断ポイントは次の4つです。

(1)上位表示を強く意識している目標キーワードがランキングの上位に来ているか?

(2)自社のブランド名がランキングの1位、または上位に来ているか?

(3)考えられるあらゆるパターンのキーワードがランキングに表示されているか?

(4)ランキング中位、下位にあるキーワードで検索したときにSEOが手薄なページがGoogleの検索結果に表示されていないか?

①上位表示を強く意識している目標キーワードがランキングの上位に来ているか?

たとえば、自社サイトのトップページを「SEO　セミナー」で上位表示を目指していて検索エンジンで上位表示をしている場合、「SEO　セミナー」が流入キーワードランキングの上位に来ていればそのキーワードはたくさんの検索ユーザーを自社サイトに誘導できているということになります。

次の図は実際に「SEO　セミナー」での上位表示を狙い、Googleでの検索順位も高いサイトの流入キーワードランキングです。

◉サーチコンソールの検索パフォーマンスに表示される流入キーワードランキング例

検索パフォーマンス　　エクスポート

検索タイプ: ウェブ　日付: 過去 3 か月間　＋ 新規　　最終更新日: 3 時間前

クエリ　ページ　国　デバイス　検索での見え方　日付

上位のクエリ	↓ クリック数
大見出し 中見出し 小見出し	198
ワンストップソリューション	154
メタディスクリプション 書き方	141
中見出し	131
ドメイン貸し	111
google インデックスされるまでの時間	106
seoセミナー	102
見出し 小見出し	93
鈴木将司	87
seo セミナー	77
ビッグワード スモールワード	74
ディレクトリ貸し	72

反対に上位表示されているにもかかわらず、流入キーワードランキングの下位に「SEO セミナー」が表示されていたら、そのキーワードはサイトの集客にはあまり役に立たないキーワードであるといえます。その場合、集客にあまり役に立たないキーワードでの上位表示は追求せずに、もっと集客力のある目標キーワードを見つけて上位表示を目指す必要があります。

また、検索結果の上位に表示されていない割には一定の流入があるキーワードは、SEOをして検索順位をさらに上げることで、より多くのユーザーをサイトに集客することが期待できます。

②自社のブランド名がランキングの1位、または上位に来ているか?

競合他社のサイトと自社サイトの流入キーワードランキングを見るときに1つ重要な見方があります。それは知名度が高く人気があるサイトほど自社ブランド名(会社名や商品、サービス名)での検索が多いということです。

これは指名検索(Navigational Queries)とも呼ばれるキーワードです。指名検索はクイーンズランド技術大学(QUT)などの調査によると全検索の1割を占め、「アマゾン」や「楽天」などの企業名やそのブランド名での検索です。そこで購入しようとする購買意欲の高い検索ユーザーが検索するキーワードであり、成約率が最も高く経済価値が最も高いものです。

次の図は人気サイトのAmazon、楽天市場、価格.comなどの上位トップ5の流入キーワードのデータです。

◉Amazonの流入キーワード

Search
Top Organic Keywords
Amazon
アマゾン
Amazon.jp
Top Paid Keywords
Amazon
アマゾン
Kindle
Amazon プライム
See 18,550 More Organic Keywords
See 2,429 More Paid Keywords

◉楽天の流入キーワード

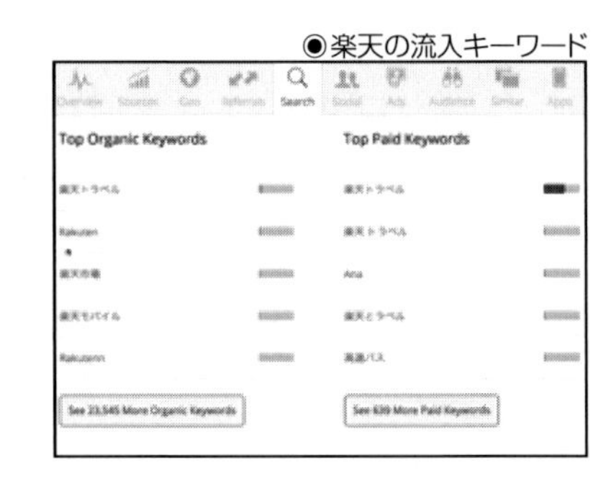

◉価格.comの流入キーワード

ご覧のように各サイトの上位トップ5の流入キーワードのほとんどがそれぞれの自社ブランド名になっています。

反対にそれほど有名ではないサイトやトラフィックが少なく、売り上げも少ないサイトほど、自社ブランド名で検索されることは少なく、代わりに「家具激安」や「インプラント デメリット」などの一般名詞での検索キーワードによる流入が多い傾向があります。

◉一般名詞での流入の例1

◉一般名詞での流入の例2

競合他社の流入キーワードの上位のほとんどがその企業のブランド名であり、自社サイトの流入キーワードのほとんどが普通名詞である場合は、自社の知名度は低く、まだまだブランディング、PRの努力が足りないことを意味します。

その場合は本書の第3章で解説したトラフィックを増やすための施策を実施してブランディングの強化を努めるようにしてください。

③考えられるあらゆるパターンのキーワードがランキングに表示されているか?

人気サイトの流入キーワードを分析すると、さまざまな種類のキーワードがあるということがわかります。反対にトラフィックが少ない人気度が低いサイトほど偏った種類のキーワードでの流入しかない傾向があります。

自社サイトの流入キーワードを分析して次のような種類があるかを確認して、不足しているキーワードの種類を探し、新規でそれらのキーワードを新しい目標キーワードにすれば検索エンジンからの訪問者を増やすことが目指せます。

(1)お金に関するキーワード

このキーワードが特に重要な業種は次のようになります。

- 比較検討先がたくさんあり価格が重要な購買判断基準になる商材
- 高額商品
- 一般消費者にとって価格が高いイメージでかつ購入経験がない商材

比較検討先がたくさんあり価格が重要な購買判断基準になる商材のキーワード例は次のようになります。

- アメリカ ミネラルウォーター 値段
- ウォーターサーバー レンタル無料ウォーターサーバー 安い
- ウォーターサーバー 格安
- スパークリングウォーター 激安

高額商品のキーワード例は次のようになります。

- 老人介護施設 費用
- 老人介護施設料金
- 有料老人ホーム 費用
- 太陽光発電 パネル 価格
- 太陽光発電 価格 最新
- 太陽光パネル 価格 推移

一般消費者にとって価格が高いイメージでかつ購入経験がない商材のキーワード例は次のようになります。

- 裁判 弁護士費用
- 遺産相続 裁判 費用
- 離婚裁判 費用 相場
- 家庭教師 料金比較
- 家庭教師 料金表
- 高校生 家庭教師 相場

家庭教師や、太陽光発電などのメインキーワードの後ろに、次のようなお金に関わるキーワードを含めた複合キーワードが多数、検索されていることがGoogle上での検索データを公開しているGoogleキーワードプランナーで見るとわかります。

- 料金
- 慰謝料
- 送料無料
- 助成金
- 価格
- 相談料
- 格安
- 補助金
- 費用
- 工事費
- 激安
- 相場
- 設置費
- 医療費控除

(2)サイズ・重さに関するキーワード

サイズ・重さに関するキーワードの例は次の通りです。

- 米 通販 10kg
- 中型 犬種
- 小型 冷蔵庫
- 軽量 折りたたみ自転車

次のようなキーワードが含まれることが多いです。

- 1k
- 100g
- 5m
- S
- M
- L
- 小型
- 中型
- 大型
- 軽量

(3)等級・レベルに関するキーワード

等級・レベルに関するキーワードの例は次の通りです。

- TOEIC 500点
- TOEFL 600点 難易度
- 初心者 ギター 練習

次のようなキーワードが含まれることが多いです。

- TOEIC 500点
- 一級
- 二級
- 初段
- 初級
- 中級
- 上級
- 初心者
- プロ
- 入門書

(4)年齢・古さに関するキーワード

年齢・古さに関するキーワードの例は次の通りです。

- 大学 偏差値 関西
- 80歳 プレゼント 男性
- 築50年 マンション 耐震

次のようなキーワードが含まれることが多いです。

- 中学
- 高校
- 大学
- 高齢者
- 幼児
- 40代
- 50代
- 80歳
- 築○○年
- 2014年式

(5)地域名・場所名のキーワード

地域名・場所名のキーワードの例は次の通りです。

- 関西 観光 温泉
- 池袋 求人 正社員
- 六本木ヒルズ 家賃 相場

次のようなキーワードが含まれることが多いです。

- 関西
- 四国
- 東北
- 福岡
- 大阪
- 名古屋
- 梅田
- 池袋
- 仙台
- 六本木ヒルズ
- グランフロント
- 大阪駅地下街

(6)人物名のキーワード

人物名のキーワードの例は次の通りです。

- マイケル・ジャクソン アルバム
- ケネディー大統領 演説 和訳

(7)企業・団体名のキーワード

企業・団体名のキーワードの例は次の通りです。

- 三菱電機 求人 姫路
- 大阪商工会議所 入会金

(8)ブランド名のキーワード

ブランド名のキーワードの例は次の通りです。

- エルメス バッグ 布
- アディダス サッカーボール

(9)商品名のキーワード

商品名のキーワードの例は次の通りです。

- エルメス バーキン 中古
- アディダス サッカーボール 5号

(10)品番のキーワード

品番のキーワードの例は次の通りです。

- ブラザートナー tn-27j
- AC6P-120269

(11)一般名詞のキーワード

一般名詞のキーワードの例は次の通りです。

- 結婚式
- ミネラルウォーター
- 賃貸マンション

- 耐震リフォーム

(12)動詞のキーワード

動詞のキーワードの例は次の通りです。

- ヨーグルト 飲むタイミング
- 猫 鳴く 理由

(13)形容詞・副詞のキーワード

形容詞・副詞のキーワードの例は次の通りです。

- かわいい メイク 奥二重
- 早く髪を伸ばす方法

(14)ノウハウを知るためのキーワード

ノウハウを知るためのキーワードの例は次の通りです。

- かわいい メイク 仕方
- 部屋 片付け方 コツ

(15)質問文・長文

質問文・長文のキーワードの例は次の通りです。

- 東北で一番の高校
- 軽井沢で美味しい蕎麦屋さんは?

④ランキング中位、下位にあるキーワードで検索したときにSEOが手薄なページがGoogleの検索結果に表示されていないか?

Googleアナリティクスの流入キーワードランキングの中位、下位にランキングされているキーワードでGoogleで検索したときに自社のWebページが検索結果1ページ目の下のほうだったり、2ページ目以降に表示されている場合があります。

下図は筆者が管理しているサイトのGoogleアナリティクス上での流入キーワードランキングです。

◉Googleアナリティクスの流入キーワードランキング例

34.	ページランク 停止	2 (0.11%)	100.00%	2 (0.15%)	50.00%	1.50	00:02:26
35.	ホームページビルダー 法律事務所	2 (0.11%)	50.00%	1 (0.07%)	100.00%	1.00	00:00:00
36.	ユーチューブ セミナー	2 (0.11%)	50.00%	1 (0.07%)	50.00%	2.00	00:00:55
37.	奇抜なレイアウト	2 (0.11%)	100.00%	2 (0.15%)	100.00%	1.00	00:00:00
38.	検索順位 上げる 時間	2 (0.11%)	0.00%	0 (0.00%)	50.00%	2.00	00:00:20

流入キーワードランキングの34位が「ページランク 停止」というキーワードで、Googleでこのキーワードで検索すると検索結果ページの8位に表示されていることがわかりました。

◉Googleの検索結果ページ例

ページランクの表示が停止されることになった！ | 鈴木将司公..
www.web-planners.net/blog/archives/000180.html ▾
ページランクの表示が停止されることになった！ 2016年03月09日. Google has confirmed it is removing Toolbar PageRank. It's official: Google has decided to kill off Toolbar PageRank from its browser. （Googleの公式発表によるとこれまでGoogle ...

Googleがページランク更新を停止する模様！ちょっと前まで...
etc.hateblo.jp/entry/google-pagerank-teishi/ ▾
2014/10/09 - photo by Paloma Gómez SEMリサーチの記事を読んでいたら、どうやら今後、Googleがページランクの更新を行わないだろう...という情報を見つけました。少し、引用させてもらいますね。 Google、ツールバーPageRank 更新を終了か 今後 ...

もはや無意味になったWEBサイトの「ページランク」今後は ...
dreamteller.biz/seo/page-rank/ ▾

この検索結果8位に表示されているページは特に何かのキーワードで上位表示を目指しているページではありません。そのため、特にページランクだとか、停止という言葉を意識的にページ内に書くことはしていません。それにもかかわらず検索順位が8位であり、かつ流入キーワードランキングの34位だということは、少しだけでもいいのでSEOの内部要素対策を行えば順位が上がりやすいはずです。

簡単な内部要素対策としては次のようなポイントがあります。

(1)タイトルタグにキーワードが含まれているかを確認して、含まれていなかったら含める

(2)メタディスクリプションにキーワードが含まれているかを確認して、含まれていなかったら含める

(3)H1タグにキーワードが含まれているかを確認して、含まれていなかったら含める

(4)本文に複数回キーワードが含まれているかを確認して、含まれていなかったら複数回、含める

(5)すでに本文に複数回キーワードが含まれていても、しつこくない程度にもう少し増やせるかを確認して増やせるようなら増やす

(6)本文の文章が十分書かれているかを確認してもう少し文章や画像を増やしたほうが読者にメッセージが伝わりやすいようならば追加してページの品質を上げる

(7)サイト内にある他のページからそのページにリンクを張ったほうがサイト訪問者にとって利便性が高まるようならばそのページにサイト内リンクを張る

(8)ソーシャルメディアや外部ドメインのブログでそのページを紹介してリンクを張る

このように何も意識していなかったのにGoogleの検索にかかっていて、かつ自社サイトに訪問者をもたらしているページには少しでも改善すれば、もっと順位が上がりより多くの検索ユーザーの目に触れ、その結果、自社サイトにトラフィックを増やしやすいものです。効率的にトラフィックを増やすためにこうした埋もれた宝を発掘して少しでも磨きをかけてトラフィック獲得に役立ててください。

6 サイト滞在時間

6-1 ◆ サイト滞在時間とは?

サイト滞在時間とは、サイト訪問者がサイトに滞在した平均時間のことをいいます。

サイト滞在時間が長ければそれだけそのサイトに価値のある情報が多いはずだという理論で、サイト滞在時間が長いサイトのほうが短いサイトよりも人気があるとGoogleが判断してサイトの評価が高まると一般的に信じられています。

Googleは特に公式にサイト滞在時間が長ければ長いほどサイトの評価が高くなるとは公表していません。しかし、サイト滞在時間が長いサイトのほうが短いサイトよりもユーザーに人気がある傾向があり、ユーザーに人気があるサイトほど検索順位が高い傾向があるため、SEOの課題の1つとしてサイト滞在時間を長くするための施策が求められています。

6-2 ◆ 競合調査ツールでのサイト滞在時間の調べ方

シミラーウェブ無料版では最初の画面にサイト滞在時間が「Time On Site」という言葉で表現されており、そこにはユーザーがそのサイトに滞在した平均時間が表示されています。次の図は日本のAmazonのデータです。Amazonは近年、有料会員に対して追加費用なしで映画やTVの動画を見放題にしたり、音楽の聴き放題のサービスなどを打ち出して、サイト滞在時間を伸ばすよう努めています。その成果もあり、サイト滞在時間は8分48秒という長時間になっています。

◉日本のAmazonのサイト滞在時間

サイト滞在時間が長いサイトを調査すると、次のような傾向があることが明らかになってきています。

（1）品揃えがたくさんあるサイトほど、サイト滞在時間が長い傾向がある
（2）その業界で売り上げが多い企業のサイトほど、サイト滞在時間が長い傾向がある
（3）ユーザーエンゲージメントが高いサイトはサイト滞在時間が長い傾向がある

下図はある通販ジャンルの売上高トップの企業で検索順位も1位に表示されているサイト滞在時間のデータです。ページ数は2万8000ページ以上あり、その業界では最大の品揃えがありユーザーは多種多様な商品から欲しい物を選ぶことができるサイトです。

◉シミラーウェブ無料版のサイト滞在時間データの例1

一方、次ページの図はそのジャンルで品揃えは上のサイトに比べると10分の1程度しかなく、知名度も低いサイトでページ数は297ページしかありません。検索順位は同じキーワードで調べるとGoogleの2ページ目に表示されています。

◉シミラーウェブ無料版のサイト滞在時間データの例2

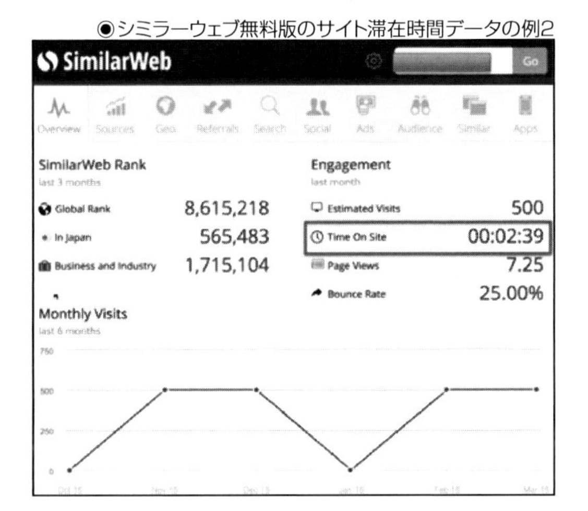

ユーザーエンゲージメントとは、コンテンツなどに対する消費者の積極的な関与や行動のことをいいます。つまり、ユーザーが単にそのサイトのコンテンツを見るだけではなく、そこに情報を書き込んだり、そこを見ている他のユーザーと情報のやり取りなどを頻繁にしているサイトがユーザーエンゲージメントが高いといえます。

下図はFacebookのサイト滞在時間です。

◉Facebookのサイト滞在時間

下図はTwitterのものです。

◉Twitterのサイト滞在時間

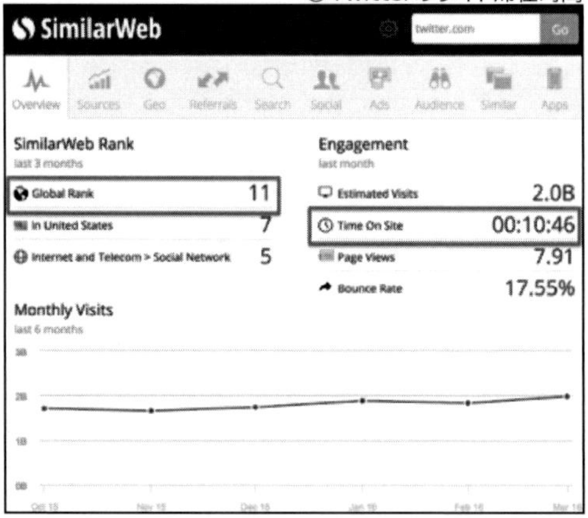

サイト内で情報を投稿したり、他のユーザーと情報交換をすることなどが当たり前のメディアでもあるため、通常のWebサイトではほとんど見かけない10分以上のサイト滞在時間があることがわかります。

このように、販売の世界では品揃えが多いサイトが、無料コンテンツの世界ではユーザーエンゲージメントを促進するインフラを持っているサイトが高いサイト滞在時間を誇っていることがわかります。

また、FacebookとTwitterの世界アクセスランキングはそれぞれ1位と、11位であり、世界有数のトラフィックを獲得しているサイトだということもわかります。

6-3 ◆ アクセス解析ツールでのサイト滞在時間の調べ方

Googleアナリティクスで自社サイトのサイト滞在時間を調べるには、「ユーザー」→「概要」を選択して表示されるサマリーのページの下のほうにある「平均セッション時間」を見ます。この部分がサイト滞在時間です。

◉Googleアナリティクスに表示されるサイト滞在時間データの例

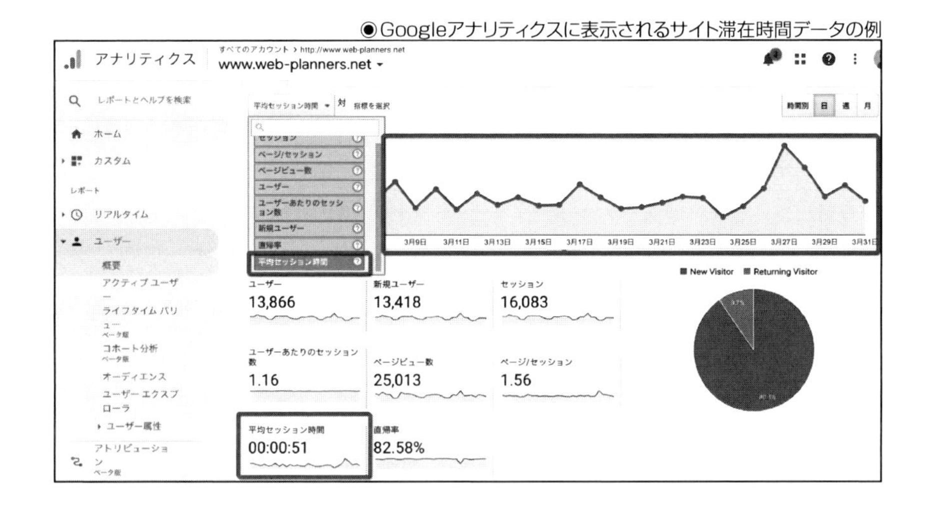

画面左上のプルダウンメニューから「平均セッション時間」という項目を選択すると、その推移がグラフで表示されます。

このグラフを見ることで、サイト滞在時間を伸ばすために実施した施策の効果を測定することができます。

6-4 ◆ サイト滞在時間の4つの診断ポイント

競合他社サイトと自社サイトのサイト滞在時間を見るときに重要な診断ポイントは少なくとも次の4つがあります。

(1)自社サイトのサイト滞在時間が競合他社サイトより長いか?

(2)自社サイトの平均ページビューが競合他社よりも多いか?

(3)自社サイトの直帰率が競合他社サイトより低いか?

(4)自社サイト内の各ページの離脱率

①自社サイトのサイト滞在時間が競合他社サイトより長いか?

自社サイトと、Googleで上位表示されている気になるサイト複数をシミラーウェブで調査して「Time On Site」(サイト滞在時間)の数値を比較します。

全業界平均では概ね4分以上のサイト滞在時間があるところが検索順位が高く、トラフィックが多く、業績が良い傾向があります。ただし、これは業界や、目標とするキーワードによって差があるので、必ず目標キーワードごとに上位表示しているサイトと自社サイトのデータを見て比べてみる必要があります。そこから自社サイトが目指すべき理想のサイト滞在時間がわかるはずです。

◉シミラーウェブ無料版のサイト滞在時間データの例1

◉シミラーウェブ無料版のサイト滞在時間データの例2

②自社サイトの平均ページビューが競合他社よりも多いか？

サイト滞在時間だけではなく、1ユーザーあたりが閲覧する平均ページビューも比較すべきです。通常、より多くのページをユーザーが見てくれるほうがサイトの認知度が高くなるとともに、成約率の向上にも貢献するからです。

平均ページビューはシミラーウェブでは「Page Views」(ページビュー)と呼ばれ、Googleアナリティクスでは「ページ/セッション」と呼ばれます。

◉シミラーウェブ無料版

◉Googleアナリティクス

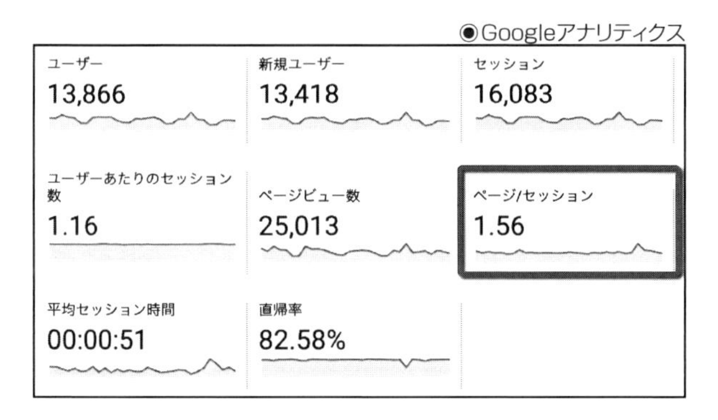

③自社サイトの直帰率が競合他社サイトより低いか？

直帰率とは当該ページから開始されたすべてのセッション数に占める、ユーザーがそのページだけ閲覧してサイトを離れたセッション数の割合です。英語ではbounce rate（バウンス：跳ね返ること）といいます。

これは平たくいえば、Googleなどの検索エンジンで自社サイトを見つけたユーザーが自社サイトのページに訪問し、そのまま検索結果ページに戻ってしまったら直帰されたということになります。こうしたことが増えていくと、そのページの直帰率が高まることになります。

◉シミラーウェブ無料版の直帰率のデータの例1

◉シミラーウェブ無料版の直帰率のデータの例2

SimilarWeb
SimilarWeb Rank
Global Rank 8,615,218
In Japan 565,483
Business and Industry 1,715,104
Engagement
Estimated Visits 500
Time On Site 00:02:39
Page Views 7.25
Bounce Rate 25.00%
Monthly Visits

④自社サイト内の各ページの離脱率

最後の重要な指標は、自社サイト内にあるページの中でどのページが離脱率が高いかを見ることです。離脱率というのは、当該ページのすべてのページビュー数に占める、そのページを最後にユーザーがサイトを離脱したセッション数の割合です。つまり、訪問者が最後に見たページになる割合ということです。英語ではabandonment rate（アバンドンメント：捨て去ること）といいます。

たとえば、Googleなどの検索エンジンでサイトを見つけたユーザーが最初のページを見た後に複数のページを閲覧し、その後、申し込みフォームのページに行ってからそこでブラウザを閉じたり、前のページに戻っていったとします。そうすると、そのページは離脱されたということになります。そして、こうしたことが増えていくと、そのサイトのお申し込みフォームのページの離脱率は高まることになります。

サイト内にあるページの離脱率を知るには、Googleアナリティクスのサイドメニューにある「行動」→「サイトコンテンツ」→「離脱ページ」を選択して「離脱ページ」のリストを見ることです。下図は実際の「離脱ページ」のリストです。

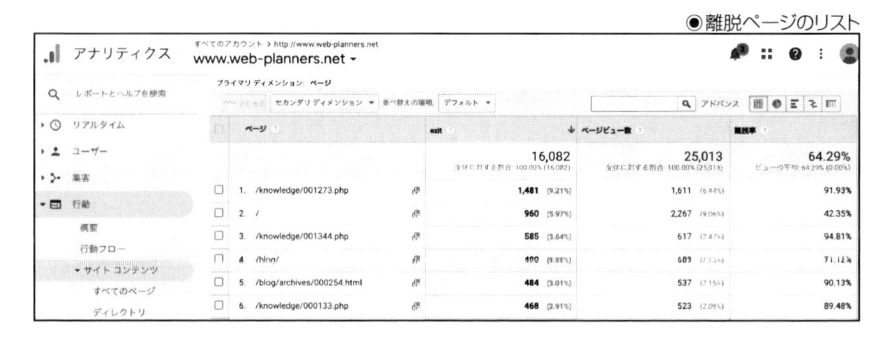

◉離脱ページのリスト

このリストを確認し、離脱率が高いページを見つけて離脱率を下げるための工夫をすることが、ページビューを増やし、サイト滞在時間を伸ばすことにつながります。

6-5 ◆ 直帰率と離脱率を下げてサイト滞在時間を伸ばす工夫

特定のページの直帰率や離脱率が高いということは、そのページを見たユーザーがそのページを見ること以外は何もすることがないか、あるいはがっかりしたかのいずれかを意味します。

そのため、直帰率と離脱率を低くするためには、そのページ以外にも魅力的なページがあることをユーザーに知ってもらうことが1つです。もう1つは、がっかりさせないことです。

直帰率と離脱率を低くするためには、次のような工夫があります。

①ユーザーの期待を裏切らないこと

直帰というのは検索エンジン、または他のサイトからのリンクをたどって自社サイトを訪問したユーザーが、1つのページ、つまりランディングページ(他のドメインから着地したページ)を見たときに期待はずれのページだと判断したときに起こりやすいものです。

ということはユーザーの期待に沿うように努力する必要があるということを意味します。

ユーザーの期待が外れるのは、次のような場合のことがあります。

(1)タイトルタグに書いていることがクリック先のページのスクロールなしの部分に書かれていない

通常、タイトルタグに書かれていることがそのまま検索エンジンの検索結果ページに表示されます。たとえば、タイトルタグに「抽選で10名様にハワイ旅行プレゼント」と書かれている場合、それがそのままGoogleの検索結果に表示されます。検索結果上でこの情報を目にしたユーザーは、ハワイ旅行のプレゼント情報の詳細を見に行くため、検索結果上のリンクをクリックします。

◉タイトルタグ記述例

```
<html lang="ja-JP">
<head>
<meta charset="UTF-8">
<title>【ハワイ旅行プレゼント】旅行が当たる - 無料懸賞サイトなら懸賞天国</title>
```

◉Google検索結果ページ例

すべて　画像　動画　ニュース　ショッピング　もっと見る ▾　検索ツール

約 310,000 件 （0.52 秒）

【ハワイ旅行プレゼント】旅行が当たる - 無料懸賞サイトなら..
kensho-tengoku.net › 懸賞情報 ▾
人気のハワイ旅行、海外旅行・国内旅行・豪華旅行、海外旅行の懸賞・モニターなどの当選なら懸賞天国で応募しよう！ネットプレゼントは ... 選んで投票してください。抽選で旅行券（20万円相当）、ゲーム機、ゲームソフトなどを合計309名様にプレゼントします。

◉懸賞サイト

しかし、見に行ったページを一目、見たときに、ハワイ旅行のプレゼント情報のことが載っておらず、ドイツ旅行の情報だけが目に入ったとします。その場合、画面を下にスクロールしてその情報を探すために時間を費やす必要が生じます。そこでユーザーは一定の精神的努力をしなくてはならなくなります。

そして最悪なのは画面を下にスクロールしてページの下のほうまで見に行ったのに、ハワイ旅行の情報が見つからなかったら期待を裏切られたことになります。そしてサイト名を確認し、そのサイトにはもう来てはならないと記憶してブラウザの戻るボタンを押し、前のページである検索結果ページに戻ってしまう、つまり直帰してしまうことになります。

誰でも検索エンジンを使っていると自分が思ったような情報が見つからずにがっかりした経験があるはずです。通常、情報が1つのページで見つからなければ、すぐにブラウザの戻るボタンを押して前のページである検索結果ページに戻り、他のサイトを見ることになります。

(2)リンク部分に書かれていることがリンク先のページに十分ない

たとえば、検索結果ページに「○○のやり方を徹底解説! ○○大百科」と書かれているのでそれを見たいと思ったユーザーがリンクをクリックしてリンク先のページを見たときに、徹底解説だとか、大百科といっている割には非常に情報量が少なく、十分な情報を得ることができなかったとしたらどうでしょうか。これもユーザーの期待を裏切ることになります。

これは検索結果からの直帰だけではなく、他者のサイトのリンク集にも同じことがいえます。他者のサイトのリンク集に「○○○○ 大百科」と書かれているからそのリンクをクリックしたユーザーがいたとします。しかし、そのサイトを訪問しても、そこにユーザーが必要とする情報が十分に書かれていなかったら、とてもではないですが大百科とはいえません。こうしたことからサイト名を大げさにし過ぎるのは危険です。

以上が、ユーザーの期待を裏切るとはどういうことかについてです。こうしたことを防ぐためには、検索結果上のタイトルタグや他者のリンク集に載せてもらった自社サイトへのリンクテキストに書かれていることをそのまま正直にページの上のほうにユーザーにわかりやすいように載せることが必要です。そして、サイトの更新を怠らず、コンテンツの充実に力を注ぐことも必要です。検索ユーザーはいつも最短で自分が探している情報を見つけようとしていることを忘れてはなりません。そして何よりも正直であらねばなりません。

②サイト内検索の検索窓を全ページに設置する

比較的大きなサイトには「サイト内検索窓」があります。検索結果ページや他者のサイトから自社サイトに来てくれたユーザーがそのページにある情報を見た後に、もっと他にも情報があるのかと思ったときにサイト内検索窓があればそのユーザーが知りたいと思ったことをキーワードとして検索窓に入力して出てきた検索結果を見る可能性が生じます。

そして、そこに自分が見たいと思うページが表示されたら、そのリンクをクリックして他のページを見てくれる可能性が生じます。さらにそれがいくつもあったら、次々にサイト内のページを閲覧して直帰率は下がり、最初のページの離脱率が高かったとしてもそのページを最後にサイトを立ち去るのではなく、次のページへと進んでくれることになり、そのページの離脱率は下がりやすくなります。

◉サイト内検索窓の設置例

③目立つリンクをメインコンテンツ部分の一番下に設置する

直帰率、離脱率を低下させるための最も簡単な方法の1つは、メインコンテンツのすぐ下に目立つリンク画像か、リンクテキストを張ることです。

次の例は筆者が離脱率を下げるためにメインコンテンツのすぐ下に画像リンクを設置した例です。この画像リンクを設置したことで、設置前には90％近くの離脱率があったものを10％に下げることに成功しました。

◉メインコンテンツの下にある目立つリンクの例

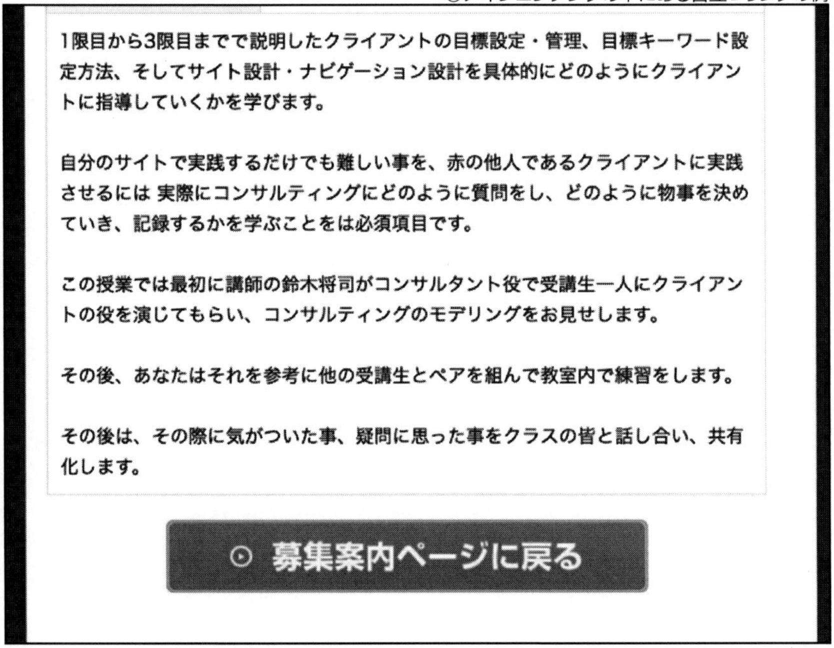

1限目から3限目までで説明したクライアントの目標設定・管理、目標キーワード設定方法、そしてサイト設計・ナビゲーション設計を具体的にどのようにクライアントに指導していくかを学びます。

自分のサイトで実践するだけでも難しい事を、赤の他人であるクライアントに実践させるには 実際にコンサルティングにどのように質問をし、どのように物事を決めていき、記録するかを学ぶことをは必須項目です。

この授業では最初に講師の鈴木将司がコンサルタント役で受講生一人にクライアントの役を演じてもらい、コンサルティングのモデリングをお見せします。

その後、あなたはそれを参考に他の受講生とペアを組んで教室内で練習をします。

その後は、その際に気がついた事、疑問に思った事をクラスの皆と話し合い、共有化します。

⊙ 募集案内ページに戻る

④そのページに関連したページへのリンクをコンテンツ部分の一番下に目立つように設置する

メインコンテンツの下に追加するリンクは無関係のページへのリンクではなく、そのページと関連性が高いページへのリンクにすべきです。なぜなら、ユーザーは、1つのページを見た後に、さらにそのことに関する詳細を見たくなって関連性の高いページへのリンクを目にしたらクリックしてリンク先のページを見たがる可能性が高いからです。

⑤そのページに関連した複数のページへのリンクを設置してユーザーが選べるようにする

ただし、関連ページへのリンクが1件しかない場合は、メインコンテンツを読み終わったユーザーがそのリンク先の情報に興味がない場合はクリックせずに離脱、または検索結果ページに直帰してしまいます。

◉関連リンクの設置例

パンダアップデートとは何かの解説は当ブログの：

『パンダアップデートとは？その意味について』
http://www.web-planners.net/blog/archives/000006.html

そしてその対策は：

『パンダアップデート対策1：オーバードメインの問題』
http://www.web-planners.net/blog/archives/000008.html

『パンダアップデート対策2：コンテンツのオリジナリティー』
http://www.web-planners.net/blog/archives/000009.html

『パンダアップデート対策3: ドメイン内のコンテンツ重複』
http://www.web-planners.net/blog/archives/000010.html

で数回に渡り解説していますので未だの方はぜひご覧下さい。

その可能性を下げるためには複数の関連性の高いページへのリンクを提案してユーザーが選べるようにすることです。

⑥サイドメニューはそのページに関連するページへのリンクにして、かつユーザーが読み進みたい順番に変更する

Webページのサイドメニューの順番も重要です。サイドメニューの順番は上からユーザーが読みたそうな順番に配置すると、そうでない場合に比べてユーザーがクリックして読み進んでくれやすくなることがいくつかの実験でわかりました。

そうすることで1つのページのメインコンテンツを読み終わったユーザーがページの脇に設置されたサイドメニューを見て次に何があるかを眺め、見たいページが見つかりやすくなるからです。

◉サイドメニューの例

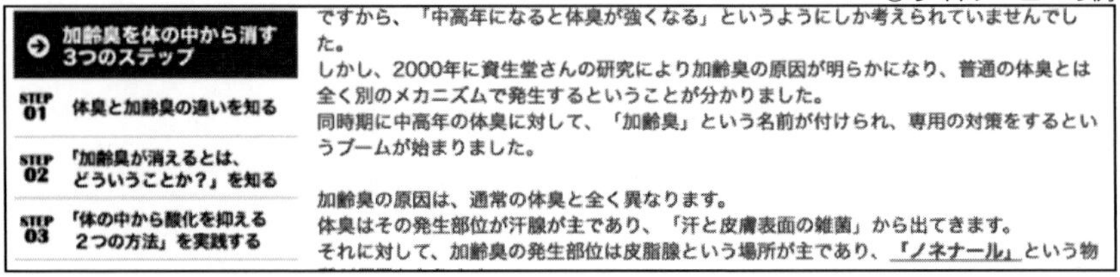

加齢臭を体の中から消す3つのステップ

STEP 01 体臭と加齢臭の違いを知る

STEP 02 「加齢臭が消えるとは、どういうことか？」を知る

STEP 03 「体の中から酸化を抑える2つの方法」を実践する

ですから、「中高年になると体臭が強くなる」というようにしか考えられていませんでした。
しかし、2000年に資生堂さんの研究により加齢臭の原因が明らかになり、普通の体臭とは全く別のメカニズムで発生するということが分かりました。
同時期に中高年の体臭に対して、「加齢臭」という名前が付けられ、専用の対策をするというブームが始まりました。

加齢臭の原因は、通常の体臭と全く異なります。
体臭はその発生部位が汗腺が主であり、「汗と皮膚表面の雑菌」から出てきます。
それに対して、加齢臭の発生部位は皮脂腺という場所が主であり、『ノネナール』という物

⑦「読む」ページではなく、「見る」ページに改善する

ユーザーは読めると思ったページ、あるいはわかりやすいと思ったページだと、そのページに興味を抱いてくれて読み進みやすくなります。

反対に、わかりにくいページだとか見にくいページだと思ったら読み進んでくれず、そのページから離脱しやすくなります。

読みたいと思ってもらうための読みやすいページにするには、そのページにある文章を全文読まなくても「見る」だけで一定の情報を素早く吸収できるようにする工夫が必要です。

昔から「ホームページを見る」という言葉を使う人はたくさんいますが、「ホームページを読む」という人はとても少ないことからも、ユーザーの感覚としてはホームページは見るものであり、読むものではありません。

集中して読もうとせずに見てわかるページにするためには、次のような工夫があります。

(1)フォントを大きいサイズにする
(2)フォントを目に入りやすい濃い色にする
(3)大見出しを大きくして一瞬でユーザーが探し求めていた情報だと判断してもらう
(4)本文の行間を空ける
(5)意味段落の上に小見出しを色違いの太字で挿入し、小見出しを目でスキャンするだけでページ全体で伝えたいことがすぐにわかるようにする
(6)写真、イラストを載せる
(7)表やグラフを載せる

こうした工夫をすることによって、見るだけで一定の意味がユーザーに伝われば、そのユーザーは次に見るページも苦痛なしで情報を吸収できると予測し、次のページへと読み進んでくれやすくなります。

◉サプリメント販売サイトの例

加齢臭についてもっと詳しく知る

昔は加齢臭という言葉すら存在せず、もちろんその原因も明らかにはなっていませんでした。
ですから、「中高年になると体臭が強くなる」というようにしか考えられていませんでした。
しかし、2000年に資生堂さんの研究により加齢臭の原因が明らかになり、普通の体臭とは全く別のメカニズムで発生するということが分かりました。
同時期に中高年の体臭に対して、「加齢臭」という名前が付けられ、専用の対策をするというブームが始まりました。

加齢臭の原因は、通常の体臭と全く異なります。
体臭はその発生部位が汗腺が主であり、「汗と皮膚表面の雑菌」から出てきます。
それに対して、加齢臭の発生部位は皮脂腺という場所が主であり、「ノネナール」という物質が原因となります。

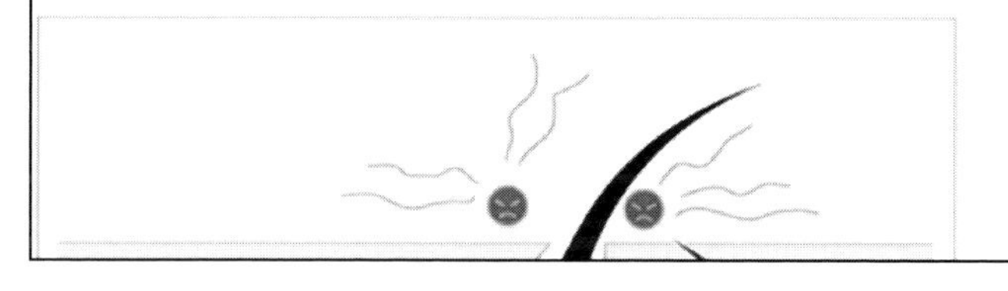

⑧古い情報は最新化する

これはユーザーの感覚からすると当たり前のことですが、ユーザーは古くてあまり役に立たなくなった情報ではなく、新しい役に立つ情報を見にサイトを訪問します。

それにもかかわらず、何年も前の統計データが載っているページや、何世代も前のスマートフォンの写真がイメージ画像として載っているページを見たら、「このページは古い」=「そこに書いていることも古い」と判断してしまい、そのページにどんなに役立つ情報が載っていたとしても離脱したくなることでしょう。

こうしたことを防止するには定期的にサイト内にあるページを客観的に眺めて古いパーツやデータを探して見つけたら早期に新しいものに差し替えるという情報の最新化をするべきです。

⑨情報の信憑性、正確性、客観性を表現する

ユーザーが嫌がるページの1つに、情報の信憑性を疑うようなページがあります。どんなに著者が正論をいっていてもその発言の根拠となる証拠がないと、書かれていることを信じるのが困難になります。コンテンツの最初のほうによいことが書かれていても、途中でそうした負の感情を抱かれてしまったら、離脱や検索結果ページへの直帰を引き起こす原因となります。

防止策としては、信頼できる機関のデータを引用したり、自分の独自の主張の場合は一定の実験データの表やグラフなどのエビデンス(証拠)をわかりやすい形で見せることが役立ちます。

⑩コンテンツの作者を実名、フルネームで記載して所属組織名や肩書きを書く

これは多くの場合、見過ごされがちなことですが、コンテンツの読者はコンテンツを誰が作ったのかを重要視します。特に医療や法律、技術など、専門知識が必要なコンテンツを名前や肩書すら明かさない人が提供していても、それが本当のことなのか、信じてよいことなのか確信が持てなければコンテンツそのものへの関心を失うことになります。

情報は中身も重要ですが、それ以上に重要なのはその情報提供者の信用です。信用をしてもらうためには、なるべく実名を記載しましょう。実名が無理なときでも、著者の簡単な経歴や、所属している組織での肩書などを積極的にWebページ上に記載することを心がけてください。

⑪メルマガバックナンバーページは通常ページに変更する

ユーザーは新しい情報を探しているので、古いメールマガジンのバックナンバーページを見たときに今でも役に立つ情報が載っていたとしても、即時にそのページは古いのではないかと判断して離脱することがあります。

これを防止するためには、少しでもメルマガバックナンバーのページだと思われなくするためにメルマガらしさの原因であるヘッダーや年月日、号数、解除の手続きのことなどをすべて削除し、メインコンテンツ部分がコラムや通常のページに見えるように編集することが有効です。それだけではなく、画像をいくつか追加すると、さらに通常のWebページに見えるようになることがあります。

◉一目でメルマガバックナンバーだとわかってしまうページの例

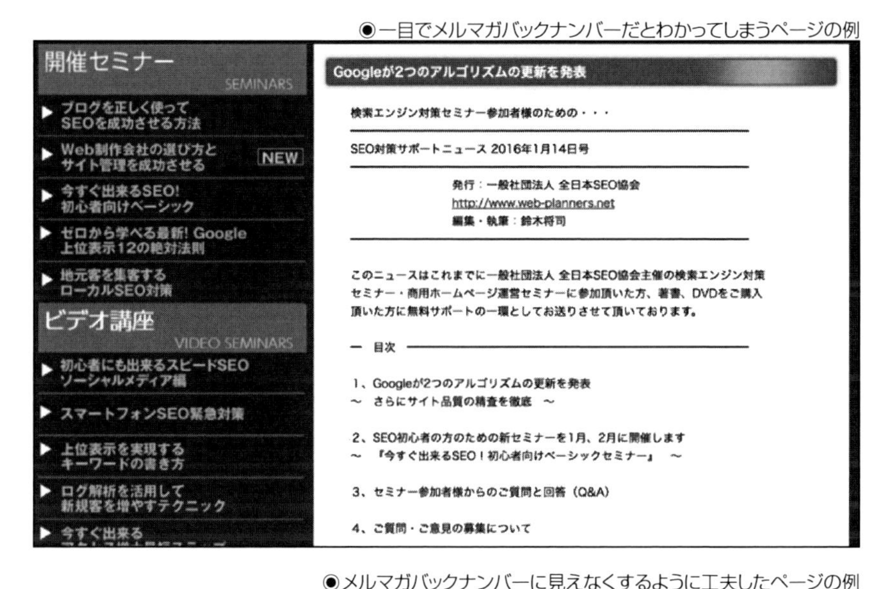

◉メルマガバックナンバーに見えなくするように工夫したページの例

防犯のアドバイス
ちょっといい話
旧メルマガ
住宅版 エコポイント制度について
マンションでリフォームをお考えの方はこちらへ!
エコリフォームTV
知っておきたい! 木造住宅の耐震 2016年6月11日(土)
東京23区別

■□ ご存知ですか？冷凍保存のメリット

折角買った食材！腐らせる前に使い切りたいですよね。
最近ではご家庭の冷蔵庫で、食材を冷凍保存されている方も多いと思います。

素材を上手に冷凍することで、保存期間が延び、調理時間も短縮して、食材のムダが減り食費の節約になりよね。

更にそれだけではなく、食材によっては、栄養＆うまみがアップする事もご存知でしょうか？

野菜は収穫直後から、鮮度と栄養が落ちていきますが、冷凍保存をすることで、
野菜の劣化を抑え、栄養やうまみをキープしてくれます。

さらに！ なんと！！
「きのこ」は冷凍することで、アミノ酸やグアニル酸といった、うまみ成分が増加します。

そして「冷凍しじみ」は、生のしじみに比べ、疲労回復成分のオルニチンが4倍にと、冷凍は栄養やおいしさもアップしてくれるんだそうですよ。

■□ ご家庭で美味しさＵＰ♪の冷凍保存ルール

家庭での冷凍保存の目安は、肉・魚で約2～3週間、野菜で1ヶ月程度。

⑫余計な外部リンクを削除する

メインコンテンツの周辺にまったく外部サイトへのリンクがない場合に比べて、たくさんの外部リンクがある場合のほうが離脱率が高くなる傾向があります。

実際にあった事例ですが、離脱率が60%近くあるページを見てみたら、メインコンテンツのすぐ下にそのコンテンツの著者のサイトへのリンクが張っていたことがあります。ユーザーは情報の信憑を確かめるため、その著者のサイトに興味を抱くのは自然なことですが、そのリンクがあることで離脱率が高くなっていました。そこでそのリンクを削除したところ、離脱率を10%以下に下げることに成功しました。

ユーザーの利便性を損なわない限り、余計な外部リンクを減らすことも離脱率を下げる有効な手段です。ただし、ユーザーが情報の信憑性を確認するために参考サイトにリンクを張ることは余計な外部リンクではありません。

◉情報の信憑性を確認するための外部リンクの例

『Googleが検索順位を決めるコアアルゴリズムのアップデートを実施。
GoogleがSEO業界内で推測されていたアルゴリズムアップデートを認め、今回のアップデートに対して検索順位が落ちたサイトのサイト管理者が出来ることはないと発言』 (2018年3月12日)

"Google confirms core search ranking algorithm update
Google acknowledged the suspected update but says there is nothing webmasters can do to fix their sites if they dropped in rankings."

【出典】 Google confirms core search ranking algorithm update

確かに外部リンクがあることでサイトから離脱する可能性は高まりますが、情報の信憑性を確認するための外部リンクは情報の信憑性を高めることになり、サイトの信用を高めるという効果が期待できます。必要な外部リンクは残し、ユーザーにとってほとんど意味のない外部リンク、そのページのコンテンツと関連性の低いサイトへの外部リンクは極力、削除するように心がけてください。

⑬ソーシャルメディアのタイムラインをページの下に移動する

外部サイトへのリンクだけでなく、FacebookページやTwitterのタイムラインをページの比較的上のほうに設置してしまうと、それに興味を抱いたユーザーがそれらソーシャルメディアページに移動してしまうことがよくあります。

これを防止するためにはソーシャルメディアのタイムラインをページの最も下のほうに移動することです。今日のネットユーザーにとっては、ソーシャルメディアは重要なメディアなので、それらを完全に無視することはユーザーの利益を損ねることになります。しかし、サイト運営者の都合としては自社サイトにより長く滞在してほしいという欲求があり、これら2つの欲求はぶつかり合います。

妥協策としてはユーザーには自社サイト内のコンテンツを見てもらうための働きかけをできる限りしてみて、それでも自社サイト内にある他のページに興味を持ってくれない場合は最後のサービスとして自社が運営しているソーシャルメディアページを提案するという考えです。

◉ページの最下部に設置したFacebookページのタイムラインの例

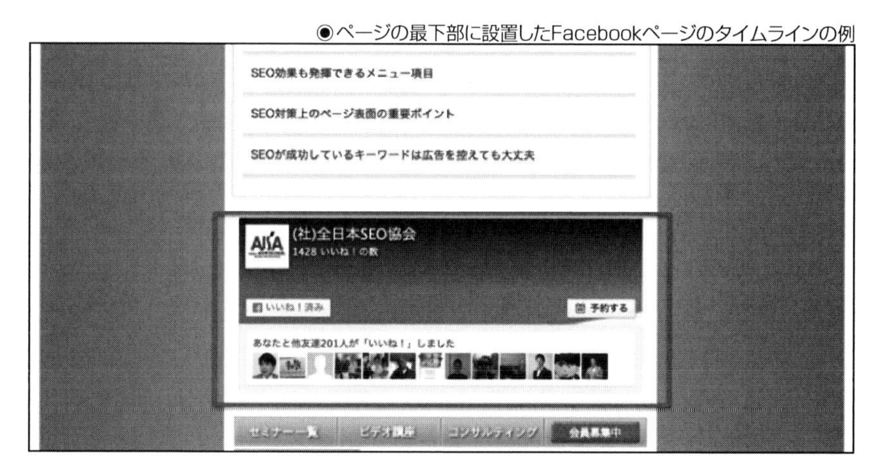

⑭古いデザインは新しいデザインに変更する

ユーザーは古いスタイルのWebデザインのサイトを見たときに「古いサイトに来た」という印象を抱き、ともするとサイトに掲載されているコンテンツも古いのではないかと疑いを持つようになります。

これを防止するためには、そのときそのときのWebデザインのトレンドを把握し、自社サイトのデザインが古く見えてきたらサイトデザインをリニューアルすることです。

⑮ブラウザによってはレイアウトが崩れている「壊れているページ」は修理する

検索結果ページにあるリンクをたどったときに時折見かけるのが、デザインやレイアウトが崩れているページです。ユーザーがレイアウトが崩れているページを見たときはそのページとページに掲載されている情報の信憑性を疑うこともあります。Webページは信頼が第一です。こうした不具合があるかどうかを見つけるために定期的に複数のブラウザで、できればWindows環境とMac環境の両方で自社サイトの各ページを批判的な目で見て点検するようにしてください。

⑯表示されない画像は修理する

他にもよくあるのが表示されるべき画像が表示されずに×印が表示されているページです。たった1つの画像が表示されていないために、ページの情報やそのページがあるサイトそのもの、そしてそのサイトを運営している企業の信用が落ちることになるので、定期的に点検をするようにしてください。

⑰スクロールなしの第一画面が広告だらけだったり、関連性の薄いページへのリンクだらけの場合は広告を減らし、関連性の薄いページへのリンクを削減する

検索ユーザーが検索結果ページからリンク先のWebページにたどり着いたときに表示される画面の上部に大きな広告があったり、広告がいくつもあったりする場合は、それらはノイズとして認識され、ユーザーが探している情報を取得する行動を阻害することになります。また、広告以外でもページからリンクされているサイトがそのサイトとまったく無関係なところばかりだと、それもノイズとして認識されてしまい、直帰、離脱の原因になります。

サイト運営者が強引に関連性の低いページにリンクを張ることは押し売りのようなものなので控えなくてはなりません。客観的に自社ページ内にノイズがあるかを点検し、見つけ次第、削除するか、ページの下のほうに移動するようにしてください。

他にも大きなノイズとなるのは画面いっぱいに広がる広告(エキスパンド広告といわれる)を表示して「次のページへ」というリンクを押すまでその広告が表示され続けるものや、画面を上下にスクロールしても追いかけてくる広告があります。

あまりにもやり過ぎると下品で邪魔になり、ユーザーに不快感を与え、離脱率を上げる原因になるので、目先の反応率アップに走ることのないように気を付けなくてはなりません。

⑱スマートフォン対応ページにしてスマートフォンユーザーの離脱を防ぐ

Googleを使うのはPCユーザーだけではありません。むしろ最近ではスマートフォンの普及によりスマートフォンユーザーが急激に増えてきています。モバイル版Googleを使っているユーザーは画面の狭いスマートフォンでも快適に見れるスマートフォンサイトを好みます。自社サイトのページのどこのページがモバイル版Googleの検索結果に表示されているか予測するのは困難です。どのページがモバイル版Googleの検索結果にかかっても大丈夫なように、自社サイトのすべてのページをスマートフォン対応にしてスマートフォンユーザーの直帰を防いでください。

以上が、直帰率、離脱率を下げるための工夫です。こうした工夫をすることにより直帰率、離脱率を下げてユーザーのサイト滞在時間を伸ばすように努めてください。

7 人気ページ

7-1 ◆ 人気ページとは?

人気ページとは、そのサイトの中でユーザーに閲覧されることが多いページのことです。どのページが人気があるかを知ることは、コンテンツの改善や、今後、売るべき商材を決める上で参考になります。

ユーザーのために作ったページが思ったよりも閲覧されておらず人気がないことがわかったら、テーマにずれがあったのかもしれませんし、そのページの存在を知ってもらうためにサイト内にある他のページから目立つようにリンクがされていないのが原因かもしれません。

一方、競合他社のサイトの人気ページを知ることは、自社が今後どういうテーマのページを作っていくべきか、どういう商材に力を入れていくべきかを知る参考情報になります。

7-2 ◆ 競合他社の人気ページの調べ方

シミラーウェブ無料版では競合他社のサイトのどのページがユーザーに見られて人気があるかを表示する人気ページランキングは見ることができません。有料版であるシミラーウェブPROでも最も高いプランのサービスを利用しない限り見ることはできません。

こうした制約の中、一定の傾向を知る方法があります。それは競合他社のサイトのドメイン名の前に「site:」を入れてGoogleで検索をすることです。

たとえば、Yahoo! JAPANのサイトの中でどのページが人気があるかを知るにはGoogleのキーワード入力欄に「site:yahoo.co.jp」と入れて検索をします。そうすると次の図のように比較的人気があるYahoo! JAPAN内のページが上から順番に表示されます。

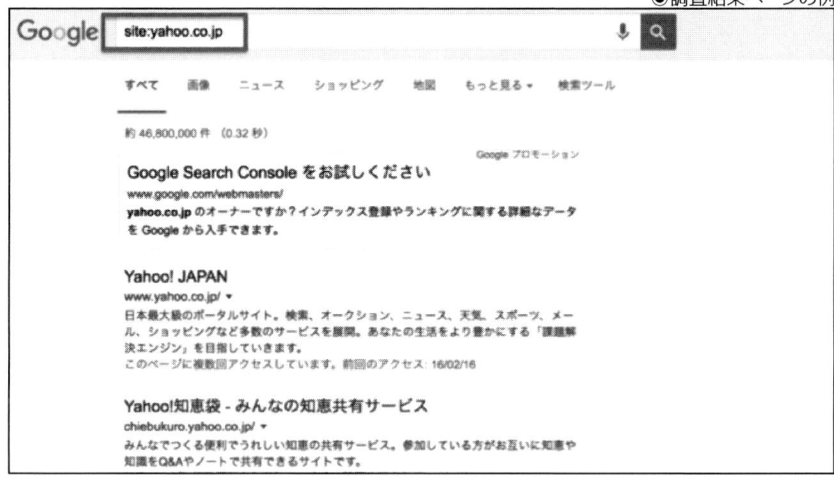

●調査結果ページの例

もともとサイトのドメイン名の前に「site:」を入れてGoogleで検索することは、そのドメイン内のどのページをGoogleがインデックスしているかを知るというインデックス調査をするための検索方法です。しかし、検索結果ページの上位に表示されるページほどページビューが多いページである傾向が高いことがわかっていることから、この方法で検索すれば競合他社のサイトのどのページやディレクトリが人気があるか、一定の傾向をつかむことができます。

7-3 ◆ 自社サイト内の人気ページの調べ方

一方、自社サイト内の人気ページを知る方法は比較的簡単です。Googleアナリティクスの左サイドメニューにある「行動」→「サイトコンテンツ」→「すべてのページ」を選択するとそのサイトの人気ページのランキングが表示されます。

◉Googleアナリティクスの人気ページランキング例

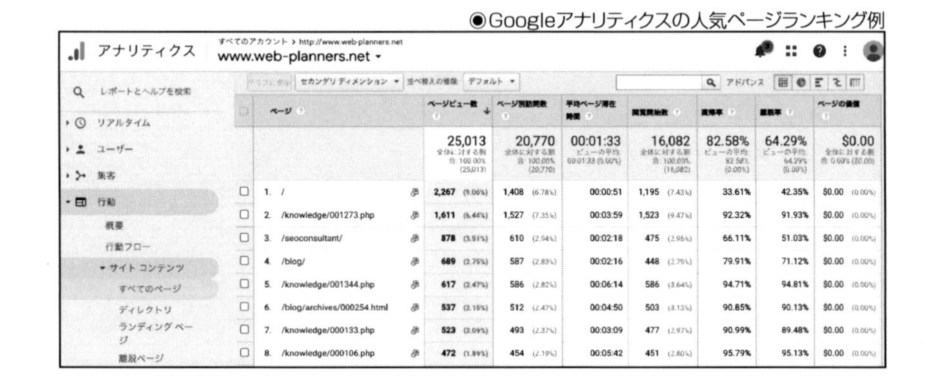

	ページ	ページビュー数	ページ別訪問数	平均ページ滞在時間	閲覧開始数	直帰率	離脱率	ページの価値
		25,013 全体に対する割合: 100.00% (25,013)	20,770 全体に対する割合: 100.00% (20,770)	00:01:33 ビューの平均: 00:01:33 (0.00%)	16,082 全体に対する割合: 100.00% (16,082)	82.58% ビューの平均: 82.58% (0.00%)	64.29% ビューの平均: 64.29% (0.00%)	$0.00 全体に対する割合: 0.00% ($0.00)
1.	/	2,267 (9.06%)	1,408 (6.78%)	00:00:51	1,195 (7.43%)	33.61%	42.35%	$0.00 (0.00%)
2.	/knowledge/001273.php	1,611 (6.44%)	1,527 (7.35%)	00:03:59	1,523 (9.47%)	92.32%	91.93%	$0.00 (0.00%)
3.	/seoconsultant/	878 (3.51%)	610 (2.94%)	00:02:18	475 (2.95%)	66.11%	51.03%	$0.00 (0.00%)
4.	/blog/	689 (2.75%)	587 (2.83%)	00:02:16	448 (2.79%)	79.91%	71.12%	$0.00 (0.00%)
5.	/knowledge/001344.php	617 (2.47%)	586 (2.82%)	00:06:14	586 (3.64%)	94.71%	94.81%	$0.00 (0.00%)
6.	/blog/archives/000254.html	537 (2.15%)	512 (2.47%)	00:04:50	503 (3.13%)	90.85%	90.13%	$0.00 (0.00%)
7.	/knowledge/000133.php	523 (2.09%)	493 (2.37%)	00:03:09	477 (2.97%)	90.99%	89.48%	$0.00 (0.00%)
8.	/knowledge/000106.php	472 (1.89%)	454 (2.19%)	00:05:42	451 (2.80%)	95.79%	95.13%	$0.00 (0.00%)

7-4◆人気ページの4つの診断ポイント

こうして自社サイト内のページの人気ページランキングを見たときにどこに注目すべきかは、少なくとも次の4つがあります。

①重要商品のページの人気度が高いか?

単価や利益率が高い商品ページや、自社の強みのある商品ページが多くのユーザーに見てもらえれば、それだけ売上アップに貢献するはずです。

②新商品の人気度が高いか?

たくさん準備し、満を持して発売した新商品のページも多くのユーザーに見てもらえれば、それだけ売上アップに貢献するはずです。

③ユーザーに見てほしいその他のページの人気度が高いか?

他にも、ユーザーに見てもらうために時間とエネルギーを費やしたページがたくさんのユーザーに見られているかは気になるところです。

④ランディングしてほしいページがランディングページランキングの上位に来ているか？　あるいはランキングに入っているか？

Googleアナリティクスでは、ページビューランキングの他にもユーザーが他のサイトや検索エンジンから流入したページ、つまりランディングページのランキングも表示されます。左サイドメニューの「行動」→「サイトコンテンツ」→「ランディングページ」をクリックすると、ランディングページのランキングが表示されます。

検索エンジンで上位表示して流入を増やそうとして作ったページの成果が期待通り出ているか、広告費用を費やしてリンクを張ってもらったページが上位に表示されているかなどを知ることができます。

◉Googleアナリティクスの人気ランディングページランキング例

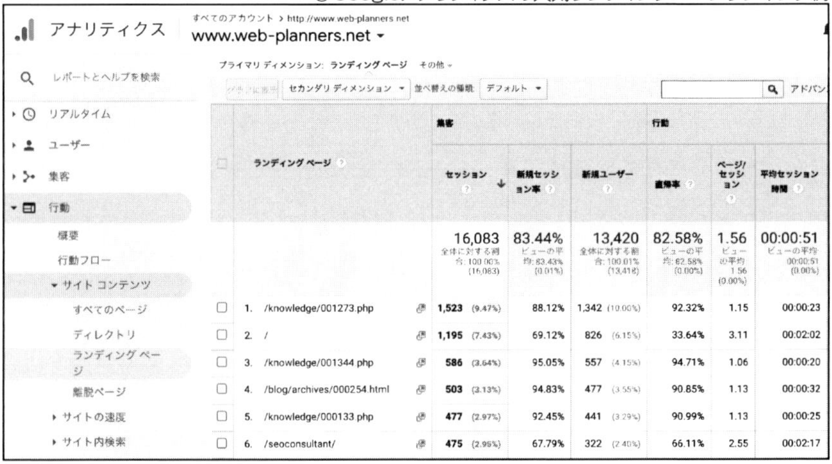
アナリティクス
すべてのアカウント > http://www.web-planners.net
www.web-planners.net
レポートとヘルプを検索
リアルタイム
ユーザー
集客
行動
概要
行動フロー
サイト コンテンツ
すべてのページ
ディレクトリ
ランディング ページ
離脱ページ
サイトの速度
サイト内検索
プライマリ ディメンション: ランディング ページ　その他
セカンダリ ディメンション
並べ替えの種類: デフォルト
アドバン
集客
行動
ランディング ページ
セッション
新規セッション率
新規ユーザー
直帰率
ページ/セッション
平均セッション時間
16,083 全体に対する割合: 100.00% (16,083)
83.44% ビューの平均: 83.43% (0.01%)
13,420 全体に対する割合: 100.01% (13,418)
82.58% ビューの平均: 82.58% (0.00%)
1.56 ビューの平均 1.56 (0.00%)
00:00:51 ビューの平均 00:00:51 (0.00%)
1. /knowledge/001273.php 1,523 (9.47%) 88.12% 1,342 (10.00%) 92.32% 1.15 00:00:23
2. / 1,195 (7.43%) 69.12% 826 (6.15%) 33.64% 3.11 00:02:02
3. /knowledge/001344.php 586 (3.64%) 95.05% 557 (4.15%) 94.71% 1.06 00:00:20
4. /blog/archives/000254.html 503 (3.13%) 94.83% 477 (3.55%) 90.85% 1.13 00:00:32
5. /knowledge/000133.php 477 (2.97%) 92.45% 441 (3.29%) 90.99% 1.13 00:00:25
6. /seoconsultant/ 475 (2.95%) 67.79% 322 (2.40%) 66.11% 2.55 00:02:17

7-5 ◆ 特定のページのページビューを増やす工夫

こうして自社サイト内のページの人気ページランキングやランディングページランキングを見てみて、思ったよりもページビューが少なく人気がないページは、ちょっとした工夫をするだけでページビューが伸びてランキングが上昇することがあります。

特定のページのページビューを増やす工夫としては次のような方法があります。

①サイト内リンクを増やす

ページビューが少ないページの特徴は、そのページがあるサイトの他のページからほとんどリンクがされていないか、されていたとしても目立つようなリンクを張っていないことです。

目立つリンクを張るための工夫としては、次のようなものがあります。

(1)おすすめランキングを設置してそこに含める

これはよく物販サイトにありますが、そのサイトの商品でどれがおすすめかのランキングを表示して見てほしいページにリンクを張り誘導する方法があります。ただし、おすすめする理由を見込み客に知ってもらうように表現しないと結局はクリックしてくれないことになります。

(2)注目のキーワードを設置してそこに含める

これも一部のサイトで見かける誘導方法ですが、見てほしいページに何らかのわかりやすく訴求するキーワードを表示し、そこをクリックすると見てほしいページにユーザーが行けるようにする方法があります。

◉注目のキーワードを表示しているサイトの例

今が旬の注目キーワード				
● 電気自動車	● 携帯電話	● コンピュータ	● Web	● SaaS

(3)クリックを誘発する画像リンクに変更する

かわいい動物のアイコンや目を引く人物の写真などを画像リンクに載せて、見てほしいページにリンクを張る方法があります。

(4)クリックを誘発するテキストリンクの文言に変更する

「?」マークのある疑問文や、秘密、極秘、知らなきゃ損するなど、気になるフレーズをテキストリンクに含めると、見てほしいページへのリンクを目立たせることができます。

◉クリックを誘発するビジュアルの例1

◉クリックを誘発するビジュアルの例2

Webページを訪問したユーザーがページ内のどこをクリックしたかや、マウスのカーソルをどのように動かしたかを知るソフトとしてヒートマップというものがあります。アクセス解析ツールのリサーチアルチザンプロなどにはヒートマップ機能や訪問者録画機能があり、そうした情報を見ることができます。

◉リサーチアルチザンプロのヒートマップと訪問者録画の例

Googleアナリティクスと連動するページアナリティクスをブラウザに設置すると、ヒートマップではありませんが、クリック率が高いリンクが赤、低いリンクが青で表示されるヒートマップに近いものを利用することができます。

◉ページアナリティクスで見たデータ例

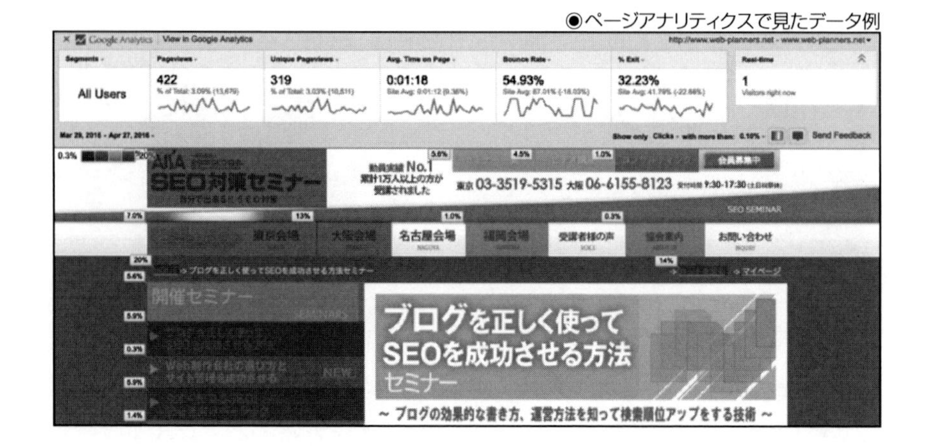

こうしたヒートマップやそれに近いツールで分析をすると、メニューについて、ほとんどのユーザーは次の傾向が高いことがわかります。

- 左にあるリンクほどクリックする
- 上にあるリンクほどクリックする
- 左上にあるリンクほどクリックする

このユーザーの習性に基づいて、多くのユーザーに見てほしいページへのリンクをヘッダーやフッターのメニューの場合は左側に移動し、サイドメニューの場合は上のほうに移動するだけで、リンク先のページの閲覧数が増えやすくなります。

②そのページのテーマを見つけて目標キーワードを設定し内部要素を最適化する

より多くのユーザーに見てほしいページに検索エンジンで上位表示する目標キーワードがない場合は、そのページに目標キーワードを設定し、目標キーワードをそのページに複数回、書かれているかを確認します。書かれていないようなら複数回、書くべきです。そうすることで検索エンジンで上位表示しやすくなり、検索ユーザーの目に付くようになりページビューが増えやすくなります。

③外部ドメインからの流入を増やすために外部ドメインからリンクを張る

さらにそのページが上位表示しやすくなるように、別ドメインで運営している自社ブログがあったら紹介の記事を書いてリンクを張り、Facebookページやtwitterなどのソーシャルメディアページがあればそこからも紹介文を書いてリンクを張ると、一定のリンク効果や流入が増え、検索エンジンで上位表示しやすくなり、ユーザーの目に付きやすくなります。

④メールで告知する

メールマガジン、メールDMを既存客や購読者に対して配信できる場合は、配信する記事内に見てほしいページのURLとその紹介文を書いて配信すると、短期間に特定のページのページビューを増やすことができます。

⑤アプリでプッシュ配信する

スマートフォンユーザーに向けては、独自でアプリを配布していたり、LINE公式アカウントが使える環境にある場合は、アプリをインストールしているユーザーに見てほしいページのURLと紹介文を配信するとスピーディーなページビュー増が見込めます。

◉プッシュ配信の画面例

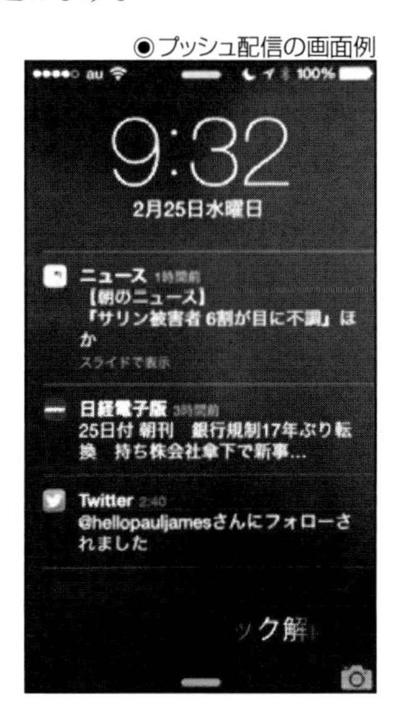

⑥費用対効果の高い広告を購入する

ある程度の費用をかけてもよい場合は、リスティング広告、ディスプレイ広告、ソーシャルメディア広告、メールマガジン広告、アフィリエイト広告などを使ってページビューを増やすという選択肢もあります。ただし、たった1つのページのページビューを増やすために莫大な広告費を費やしてばかりもいかないので、常日頃より費用対効果が高い広告を見つけておく必要があります。

以上がページビューを増やすための工夫についてです。

改善することで効果が出たかを測定するには、Googleアナリティクスに表示されるページビューランキングにあるテキストリンク部分をクリックします。すると、そのページのページビューの増減のグラフを見ることができます。

●特定のページのページビューの増減のグラフの例

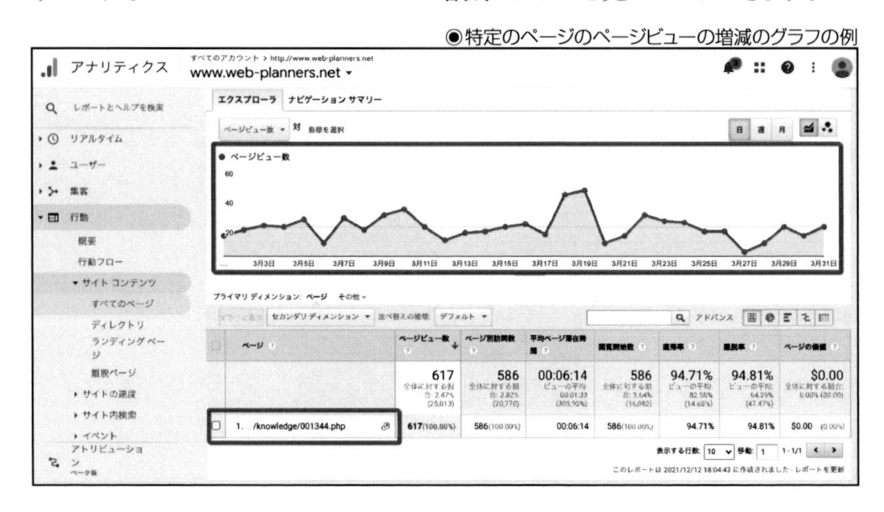

この増減のグラフを見ることで期待した結果が出るまで改善を試みることが可能です。

8 ユーザー環境

8-1 ◆ ユーザー環境とは?

ユーザー環境とは、サイトを訪問したユーザーの次のような情報のことです。

(1)ユーザーが所在する場所(国や市町村区名)
(2)システム環境(利用ブラウザ、OS、プロバイダー名など)
(3)モバイルユーザーの属性(モバイルOS、プロバイダー名、画面の解像度など)

ユーザー環境を知ることで、ユーザーに最適なWebデザイン、コンテンツなどを提供するための手がかりを得ることができ、それはUX(User Experience:ユーザー体験)のレベルを向上するために役立ちます。

8-2 ◆ 競合調査ツールでのユーザー環境の調べ方

競合調査ツールのシミラーウェブ無料版では次の3つのデータを見ることができます。

(1)Geo(ユーザーの所在する国名)
(2)Audience Interests(ユーザーが関心を持つ他のサイト)
(3)Similar Sites(類似したサイト)

この中の「Audience Interests」は調査対象のサイトの直接的な競合サイトなので、それらのサイトを注意深く観察して自社サイトを作るときの参考にすることができます。

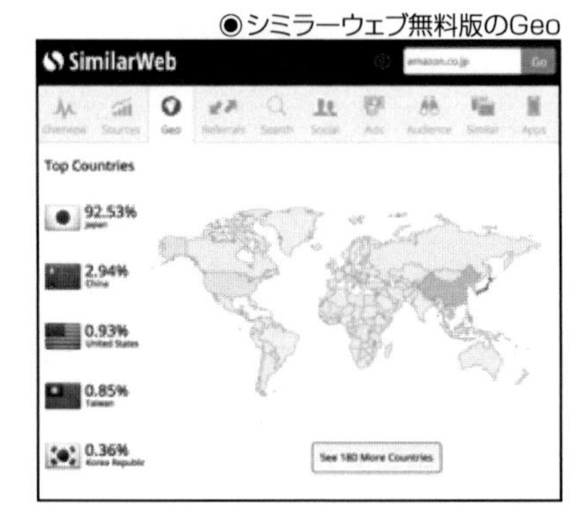

◉シミラーウェブ無料版のGeo

◉シミラーウェブ無料版のAudience Interests

◉シミラーウェブ無料版のSimilar Sites

8-3 ◆ アクセス解析ツールでのユーザー環境の調べ方

アクセス解析ツールのGoogleアナリティクスでは自社サイトを訪問したユーザーの次の情報を知ることができます。

(1)ユーザー層(ユーザーが所在する場所)
(2)システム環境(利用ブラウザ、OS、プロバイダー名など)
(3)モバイル(OS、プロバイダー名、画像の解像度)
(4)言語(ユーザーが使う言語の種類)

8-4 ◆ ユーザー環境の3つの診断ポイント

ユーザー環境の重要な診断ポイントは、少なくとも次の3つがあります。

(1)見てほしい地域のユーザーに自社サイトに見に来てもらっているか?
(2)自社サイトの作りとユーザーの環境にギャップはないか?
(3)モバイル対応の必要性が切迫しているかどうか?

①見てほしい地域のユーザーに自社サイトに見に来てもらっているか?

自社が望む地域に住んでいるユーザーがサイトに訪問すると売上が増えやすくなります。

(1)所在地

どこに住んでいるユーザーに自社サイトを訪問してほしいのか?　つまり、自社がターゲットとする地域に在住する見込み客が実際に自社サイトに来ているかをチェックします。チェックするにはGoogleアナリティクスの左サイドメニューの「ユーザー」→「地域」→「地域」を選択して表示される国名にある「Japan」を選択します。そうすると、下図のように日本国内のどの都道府県に所在するユーザーが自社サイトを訪問しているかがわかります。

◉地域

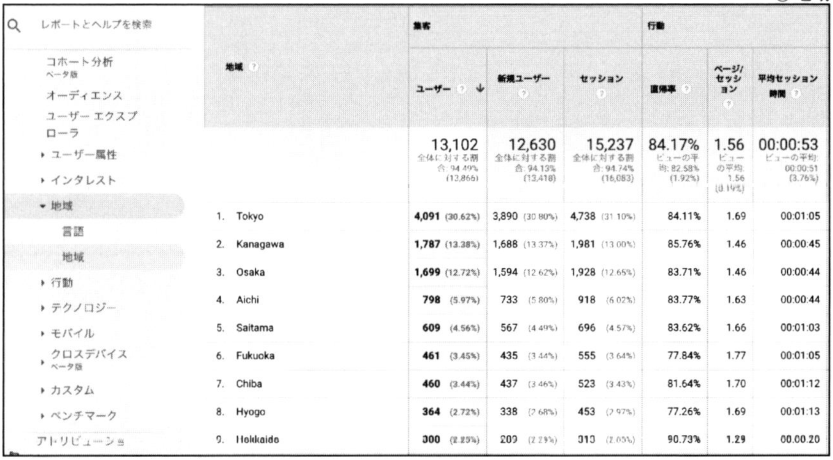

レポートとヘルプを検索
コホート分析 ベータ版
オーディエンス
ユーザー エクスプローラ
▸ユーザー属性
▸インタレスト
▾地域
言語
地域
▸行動
▸テクノロジー
▸モバイル
▸クロスデバイス ベータ版
▸カスタム
▸ベンチマーク
アトリビューショ

地域	集客			行動		
	ユーザー ↓	新規ユーザー	セッション	直帰率	ページ/セッション	平均セッション時間
	13,102 全体に対する割合: 94.49% (13,866)	12,630 全体に対する割合: 94.13% (13,418)	15,237 全体に対する割合: 94.74% (16,083)	84.17% ビューの平均: 82.58% (1.92%)	1.56 ビューの平均: 1.56 (0.19%)	00:00:53 ビューの平均: 00:00:51 (3.76%)
1. Tokyo	4,091 (30.62%)	3,890 (30.80%)	4,738 (31.10%)	84.11%	1.69	00:01:05
2. Kanagawa	1,787 (13.38%)	1,688 (13.37%)	1,981 (13.00%)	85.76%	1.46	00:00:45
3. Osaka	1,699 (12.72%)	1,594 (12.62%)	1,928 (12.65%)	83.71%	1.46	00:00:44
4. Aichi	798 (5.97%)	733 (5.80%)	918 (6.02%)	83.77%	1.63	00:00:44
5. Saitama	609 (4.56%)	567 (4.49%)	696 (4.57%)	83.62%	1.66	00:01:03
6. Fukuoka	461 (3.45%)	435 (3.44%)	555 (3.64%)	77.84%	1.77	00:01:05
7. Chiba	460 (3.44%)	437 (3.46%)	523 (3.43%)	81.64%	1.70	00:01:12
8. Hyogo	364 (2.72%)	338 (2.68%)	453 (2.97%)	77.26%	1.69	00:01:13
9. Hokkaido	300 (2.25%)	289 (2.29%)	313 (2.05%)	90.73%	1.29	00:00:20

たとえば、福岡のセミナーの集客がうまくいっていない場合、この表の中のFukuokaを見ると全アクセスのうち、わずか3.45%しかないことがわかります。

対処策としては、福岡のセミナー受講者の声を収集するように努めて、それをサイト上に福岡という名前と一緒に掲載して福岡に関わるコンテンツを増やすことが考えられます。

外部対策としては福岡のサイトからリンクを張ってもらうために福岡のニュースサイトにプレスリリースを出すことや、福岡のポータルサイトに掲載をすることなどが考えられます。

(2)言語

次に自社サイトを訪問したユーザーがどの言語を話す人達かを知ることができるのが「言語」の項目です。このデータを見るにはGoogleアナリティクスの左サイドメニューの「ユーザー」→「地域」→「言語」を選択します。そうすると下図のように言語のリストが表示されます。

◉言語のリスト

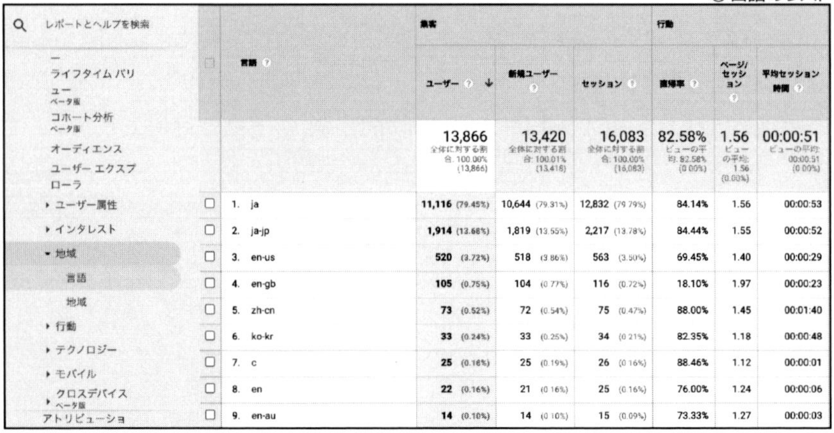

レポートとヘルプを検索
ライフタイム バリュー ベータ版
コホート分析 ベータ版
オーディエンス
ユーザー エクスプローラ
▸ユーザー属性
▸インタレスト
▾地域
言語
地域
▸行動
▸テクノロジー
▸モバイル
▸クロスデバイス ベータ版
アトリビューショ

言語	集客 ユーザー	新規ユーザー	セッション	行動 直帰率	ページ/セッション	平均セッション時間
	13,866 全体に対する割合: 100.00% (13,866)	13,420 全体に対する割合: 100.01% (13,418)	16,083 全体に対する割合: 100.00% (16,083)	82.58% ビューの平均: 82.58% (0.00%)	1.56 ビューの平均: 1.56 (0.00%)	00:00:51 ビューの平均: 00:00:51 (0.00%)
1. ja	11,116 (79.45%)	10,644 (79.31%)	12,832 (79.79%)	84.14%	1.56	00:00:53
2. ja-jp	1,914 (13.68%)	1,819 (13.55%)	2,217 (13.78%)	84.44%	1.55	00:00:52
3. en-us	520 (3.72%)	518 (3.86%)	563 (3.50%)	69.45%	1.40	00:00:29
4. en-gb	105 (0.75%)	104 (0.77%)	116 (0.72%)	18.10%	1.97	00:00:23
5. zh-cn	73 (0.52%)	72 (0.54%)	75 (0.47%)	88.00%	1.45	00:01:40
6. ko-kr	33 (0.24%)	33 (0.25%)	34 (0.21%)	82.35%	1.18	00:00:48
7. c	25 (0.18%)	25 (0.19%)	26 (0.16%)	88.46%	1.12	00:00:01
8. en	22 (0.16%)	21 (0.16%)	25 (0.16%)	76.00%	1.24	00:00:06
9. en-au	14 (0.10%)	14 (0.10%)	15 (0.09%)	73.33%	1.27	00:00:03

この「言語」のデータや「地域」の国別のデータは、自社サイトが多言語化を目指すときはどの国の人達を対象にしたWebサイトを作ればよいかの優先順位を決めるときに役立ちます。

また、その国の言語のサイトを作る余力がないときは、その国の有力なサイトに出店して商品を出品することで売り上げを増やすことが目指せます。国内にいながら海外のサイトで販売するための有力なサイトは次のようになります。

(1)アリババ(中国、各国向け)
(2)Amazon(各国向け)
(3)eBay(各国向け)
(4)タオパオ(中国)

これらのサイトは、決済システムや出品をする管理システムなどが充実してきているので利用する価値はあります。

②自社サイトの作りとユーザーの環境にギャップはないか?

Googleアナリティクスの左サイドメニューの「ユーザー」→「テクノロジー」→「ブラウザとOS」を見ると、サイトを訪問したユーザーがどのブラウザでサイトを見ているかがわかります。

ここで上位表示されている複数のブラウザで見たときに自社サイトの各ページのレイアウトの崩れはないか、動画や、プログラムは問題なく作動しているかを確認するようにしてください。

◉ブラウザとOS

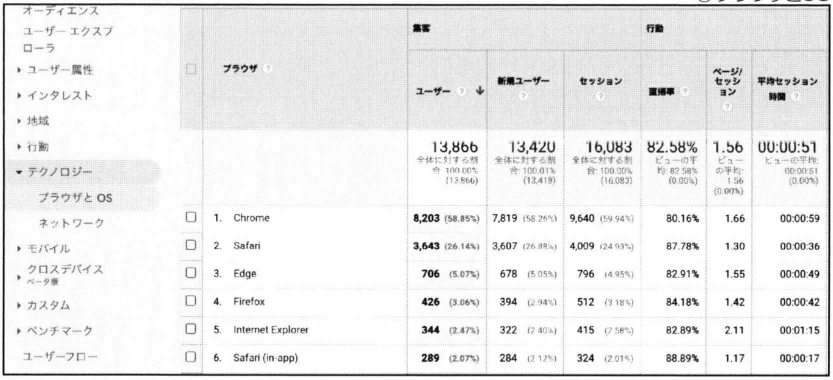

オーディエンス
ユーザー エクスプローラ
▸ユーザー属性
▸インタレスト
▸地域
▸行動
▾テクノロジー
ブラウザと OS
ネットワーク
▸モバイル
▸クロスデバイス ベータ版
▸カスタム
▸ベンチマーク
ユーザーフロー

ブラウザ	集客			行動		
	ユーザー	新規ユーザー	セッション	直帰率	ページ/セッション	平均セッション時間
	13,866 全体に対する割合 100.00% (13,866)	13,420 全体に対する割合: 100.01% (13,418)	16,083 全体に対する割合: 100.00% (16,083)	82.58% ビューの平均: 82.58% (0.00%)	1.56 ビューの平均: 1.56 (0.00%)	00:00:51 ビューの平均: 00:00:51 (0.00%)
1. Chrome	8,203 (58.85%)	7,819 (58.26%)	9,640 (59.94%)	80.16%	1.66	00:00:59
2. Safari	3,643 (26.14%)	3,607 (26.88%)	4,009 (24.93%)	87.78%	1.30	00:00:36
3. Edge	706 (5.07%)	678 (5.05%)	796 (4.95%)	82.91%	1.55	00:00:49
4. Firefox	426 (3.06%)	394 (2.94%)	512 (3.18%)	84.18%	1.42	00:00:42
5. Internet Explorer	344 (2.47%)	322 (2.40%)	415 (2.58%)	82.89%	2.11	00:01:15
6. Safari (in-app)	289 (2.07%)	284 (2.12%)	324 (2.01%)	88.89%	1.17	00:00:17

③モバイル対応の必要性が切迫しているかどうか？

現在のWebマーケティングにおいては、スマートフォンやタブレットなどを使うモバイルユーザーに最適なUX（ユーザー体験）を提供するためにサイト内のすべてのページをモバイル対応することは必須のことになってきました。

モバイルユーザーの比率が高いのはB2C（消費者向け商材）で、B2B（法人向け商材）をテーマにするサイトは比較的モバイルユーザーの比率が低い傾向がありました。しかし、年々、B2Bの分野でもモバイルユーザーの比率は増えつつあります。

Googleアナリティクスの左サイドメニューの「ユーザー」→「モバイル」→「概要」を選択すると、下図のようにdesktop（PC）、mobile（スマートフォン）、tablet（タブレット）でアクセスしたユーザーの内訳の比率が表示されます。

◉デバイスの比率

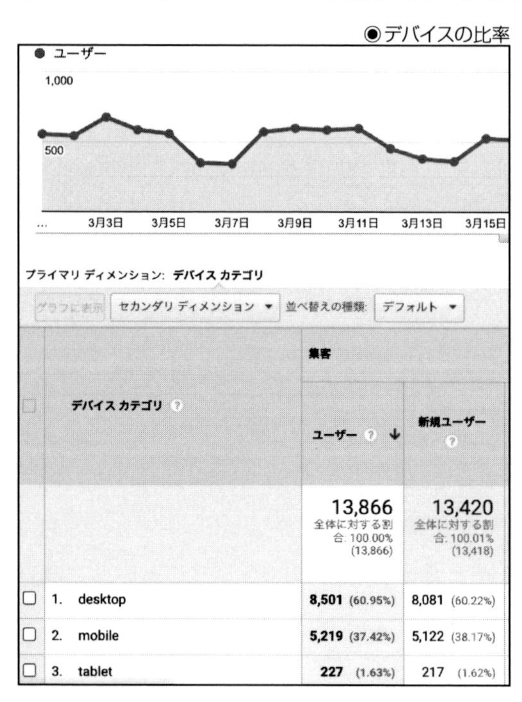

そしてGoogleアナリティクスの左サイドメニューの「ユーザー」→「モバイル」→「デバイス」を選択すると、下図のようにスマートフォンの機種、つまりモバイルデバイスの種類のデータを見ることもできます。

◉モバイルデバイスの種類

モバイルデバイスの情報	集客 ユーザー	新規ユーザー
	5,446 全体に対する割合: 39.28% (13,866)	5,339 全体に対する割合: 39.79% (13,418)
1. Apple iPhone	3,605 (66.20%)	3,570 (66.87%)
2. Apple iPad	142 (2.61%)	137 (2.57%)
3. (not set)	97 (1.78%)	91 (1.70%)
4. Huawei EML-AL00 P20	43 (0.79%)	43 (0.81%)
5. Huawei MAR-LX2J P30 Lite	30 (0.55%)	25 (0.47%)
6. Microsoft Windows RT Tablet	29 (0.53%)	28 (0.52%)
7. Huawei ANE-LX2J P20 Lite	28 (0.51%)	25 (0.47%)
8. Samsung SC-03L Galaxy S10	27 (0.50%)	25 (0.47%)
9. OPPO CPH1983 Reno A	26 (0.48%)	24 (0.45%)
10. Google Pixel 3a	24 (0.44%)	22 (0.41%)

これらのデータを見ることで、自社サイトを訪問するユーザーがどのようなモバイル環境で訪問しているのかを知り、彼らが問題なくサイトを閲覧できるようにサイトを作るための手がかりとして活用してください。

このようにアクセス解析ツールと競合調査ツールの両方を活用することで競合他社とユーザーの動向をつかみ、自社サイトの改善に役立てることが今日のSEOでは求められます。このトレンドに対応するためには、常日頃から意味のあるデータを蓄積することと、それを有意義に解釈するためのデータ活用のスキル向上と情報収集力が求められます。

参考文献

ヤフー特集(日経ビジネス2016年4月4日号)

アマゾン特集(週刊東洋経済2016年3月5日号)

『「YouTube 動画SEO」で客を呼び込む』(シーアンドアール研究所)

『スマホ客を呼び込む最強の仕掛け』(シーアンドアール研究所)

Googleプライバシーポリシー〔https://www.google.co.jp/intl/ja/policies/privacy/〕

Google キーワードプランナー〔https://adwords.google.co.jp/keywordplanner〕

What Is Content Marketing?(Content Marketing Institute)
〔http://contentmarketinginstitute.com/what-is-content-marketing/〕

W3Techsアクセス解析ログツール利用状況調査
〔http://w3techs.com/technologies/history_overview/traffic_analysis/all〕

IT用語辞典 e-Words〔http://e-words.jp/〕

IT用語辞典バイナリ〔https://www.sophia-it.com/〕

Wikipedia〔https://ja.wikipedia.org/〕

索引

記号・数字

A

B

C

D

E

F

G

I

L

M

N

O

P

Q

R

S

T

U

W

Y

あ行

か行

索引

さ行

た行

な行

は行

ま行

や行

ら行

■編者紹介

一般社団法人全日本SEO協会
2008年SEOの知識の普及とSEOコンサルタントを養成する目的で設立。会員数は600社を超え、認定SEOコンサルタント270名超を養成。東京、大阪、名古屋、福岡など、全国各地でSEOセミナーを開催。さらにSEOの知識を広めるために「SEO for everyone! SEO技術を一人ひとりの手に」という新しいスローガンを立てSEOの検定資格制度を2017年3月から開始。同年に特定非営利活動法人全国検定振興機構に加盟。

●テキスト編集委員会
【監修】古川利博／東京理科大学工学部情報工学科　教授
【執筆】鈴木将司／一般社団法人全日本SEO協会　代表理事
【特許・人工知能研究】郡司武／一般社団法人全日本SEO協会　特別研究員
【モバイル・システム研究】中村義和／アロマネット株式会社　代表取締役社長
【構造化データ研究】大谷将大／一般社団法人全日本SEO協会　特別研究員

編集担当 ： 吉成明久 / カバーデザイン ： 秋田勘助（オフィス・エドモント）

SEO検定 公式テキスト 2級 2022・2023年版

2022年2月17日　初版発行

編　者　一般社団法人全日本SEO協会
発行者　池田武人
発行所　株式会社　シーアンドアール研究所
新潟県新潟市北区西名目所4083-6(〒950-3122)
電話　025-259-4293　FAX　025-258-2801

ISBN978-4-86354-375-1 C3055